광물 62종과 암석 62종에 대한
한국어, 조선어, 영어, 중국어, 일본어 용어 비교

기본 광물·암석 용어집

광물 62종과 암석 62종에 대한
한국어, 조선어, 영어, 중국어, 일본어 용어 비교

기본 광물·암석 용어집

이창진 지음

KSI 한국학술정보[주]

〉〉〉 저자 서언

초·중·고등학교 과학교과서와 지구과학교과서 그리고 대학 지구과학 교재에서 다루고 있는 광물과 암석 용어에 대하여 학습자들은 아주 어렵게 받아들이고 있으며, 전문가들도 어원과 뜻을 정확히 알지 못하고 사용하는 경우가 있다. 그 원인은 외래어나 한자어로 된 광물과 암석 용어의 어원과 말뜻에 대한 분석이나 연구가 이루어지지 않은 상태에서 바로 사용해 왔기 때문이다. 일부 전문가는 자신이 외국에서 공부한 용어를 무심결에 사용하고 있다. 미국에서 공부한 학자는 영어로, 일본에서 공부한 학자는 일본어로, 중국에서 공부한 학자는 중국어로 광물과 암석의 용어를 표기하고 말하는 경향이 있는 것이다. 심지어 전혀 엉뚱한 암석 이름이 대중 사이에서 사용되고 있지만 이를 통제하지도 못하고 그 명칭이 틀렸다는 사실에 관심도 없다.

예를 들면 영어로 Shale을 중등 교과서와 대학 교재에서 영어 발음을 따라 한글로 '셰일'이라고 표기하지만, 중국과 일본에서는 '頁岩'이라 한다. 우리나라 대중 매체의 인터넷 사전과 대중이 사용하는 용어는 '頁岩'을 공공연하게 '혈암'으로 표기하고 있다. '頁'을 한자사전에서 찾아보면 '머리 혈'과 '책 면 엽'으로 정리되어 있다. 그러면 '셰일'의 암석학적 특징으로 볼 때 '혈암'이라고 해야 하나, 엽암이라고 해야 하나? 또 다른 예를 들면, '흑연(黑鉛)'이다. '흑연'의 말뜻은 '검은 납'이다. 흑연은 '탄소(C)'로 이루어진 광물인데 왜 '납(Pb)'이라는 용어를 사용할까?

이렇게 잘못 인식된 광물과 암석 용어가 일반 서적을 넘어서 중·고등학교 교과서에까지 들어와 있다. 이것을 방지하고 광물과 암석 용어를 올바른 한국어로 순화하기 위해서는 광물과 암석 용어에 대한 유래와 어원 및 뜻을 분석하여 그 타당성을 검토해 볼 필요가 있다.

이에 저자는 중등교과서와 대학 교양 지구과학 교재에서 주로 사용하는 광물 62종과 암석 62종의 용어를 대상으로 우리말 용어에 영향을 준 외국어의 어원과 말뜻을 조사하여 정리하였다. 이 자료는 광물과 암석 용어를 학습하는 학생들에게 단순히 암기시키기보다는 정확한 지식과 이해력을 증진시키도록 하는 데 도움이 될 것이며, 장차 진행될 용어 표준화 작업에 필요한 기초 자료로 활용될 것으로 기대하고 있다.

끝으로 이 책을 만드는 데 여러 가지 조언을 해 주신 충북대학교 국어교육과 전철웅 교수와 대만 사범대학교 지구과학과 류더칭(劉德慶) 교수, 구하기 어려운 사진 자료를 제공해 주신 한국지질자원연구원의 신홍자 박사에게 감사드린다. 표본 사진 촬영, 외국 서적 검색, 원고 검토, 분석 작업을 열심히 해 준 충북대학교 대학원 조준오 선생과 김낙규 선생, 충북대학교 지구과학교육과 양원상 군에게 감사드린다. 이 책 내용의 일부는 "2010년도 한국과학교육단체총연합회 학술연구지원사업의 연구비 지원에 의하여 연구되었음"을 밝히며, 이에 감사한다.

2010년 7월

이창진

〉〉〉 일러두기

1. 용어의 순서는 한국어 용어를 기준으로 가나다 순으로 배열하였고, ( ) 속에 한자어와 영어를 함께 제시하였다.
2. 영어 용어의 유연성(有緣性)을 설명할 때 어원에서 근거를 찾아 설명하였다. 이때 광물과 암석 용어의 영어 접미사 -ite는 별도로 설명하지 않았다.
3. 중국어, 일본어, 조선어, 한국어 용어의 유연성은 말뜻에 중점을 두어 상호 연관성을 검토하였다.
4. 중국어, 일본어, 조선어, 한국어 용어의 공통점과 차이점이 명백하게 드러나도록 설명하였으며, 이를 쉽게 비교할 수 있도록 부록에 표로 제시하였다.
5. 어려운 한자어, 중국어, 일본어 한자와 일본어를 ( )에 한글로 표기하여 독자들의 이해를 도왔다.
6. 이 책의 광물과 암석 사진의 크기가 실물과 차이가 있는 경우에는 사진 우측 하단에 그 배율을 아래 <예>와 같이 표시하였다.

   <예> 2배인 경우: × 2

   0.5배인 경우: × 0.5
7. 광물과 암석 용어를 만드는 데 필요한 성질 중 중요한 요소에 대한 설명과 그 용도를 간단하게 제시하였다.
8. 한자어와 외래어를 표기할 때 '한국 어문 규정집'의 해당 규정에 따랐다.
9. 한국어와 조선어의 비교 자료는 '남북과학기술용어집(지질학)'에서 발췌하였다.
10. 지질학에 관련된 용어 중에서 수학, 물리, 화학, 생물 분야와 겹치는 용어는 되도록 살려 쓰도록 노력하였다.

〉〉〉 목 차

PART 1 | 광물

〉〉〉 鑛物, Mineral

○ 어원: Mineral은 '땅속에서 파낸 것'을 뜻하는 중세 라틴어 *mineralis*에서 유래되었으며, *mineralis*는 '수직 갱도'를 뜻하는 라틴어 *mina*에서 유래되었다. 이 용어에 대한 한국어와 조선어는 광물, 중국어는 矿物, 일본어는 鉱物이며, '쇠붙이가 들어 있는 돌'을 뜻한다. 지질학에서 광물은 지각을 구성하는 물질의 최소 단위이며, 자연산, 균질한 고체, 결정질, 일정한 화학식, 무기질인 물질로 정의하고 있다.

×0.1

그림 1. 영국자연사박물관에 전시된 적철석 (>260kg)

각섬석(角閃石, Hornblende)

- 어원: Hornblende는 '뿔'을 뜻하는 독일어 *horn*과 '속이는 또는 현혹시키는'을 뜻하는 독일어 *blenden*의 합성어. 이 광물에 대한 한국어와 조선어는 각섬석, 중국어는 角閃石이며, '빛을 잘 반사하고 모난 광물'을 뜻한다. 일본에서는 각섬석 군(Amphibole group) 중에서 Hornblende를 각섬석 또는 보통 각섬석(普通角閃石)이라 한다. 각섬석은 쪼개짐 면이 거울 면처럼 매끈하여 빛을 잘 반사하는 성질을 가지고 있다.
- 화학식: $(Ca, Na)_{2-3}(Mg, Fe, Al)_5(Al, Si)_8O_{22}(OH)_2$
- 색: 흑색 – 녹흑색
- 결정 모양: 육모꼴, 알갱이 모양
- 결정계: 단사정계
- 쪼개짐: 두 방향
- 깨짐: 불 평탄
- 모스 경도: 5~6
- 조흔색: 회녹색, 암녹색
- 비중: 3.0~3.45
- 각섬석 군(Amphibole group)에 속하는 광물: 각섬석(Hornblende), 액티노라이트(Actinolite), 트레몰라이트(Tremolite) 등
- 용도: 장식품

×0.5 ×0.5

그림 2. 각섬석 결정 덩어리.
트레몰라이트(Tremolite: 좌)와 각섬석(Hornblende: 우)

갈철석(褐鐵石, Limonite)

- 어원: Limonite는 '목초지'를 뜻하는 그리스어 *leimon*에서 유래. 갈철석의 모습이 마치 목초지의 동물 배설물과 진흙이 서로 섞여 있는 것과 비슷하다는 데서 온 말이다. 이 광물에 대한 한국어는 갈철석, 조선어는 갈철광, 중국어는 褐铁矿, 일본어는 褐鉄鉱이며, '갈색 철광석'을 뜻한다.
- 화학식: $FeO(OH) \cdot nH_2O$
- 색: 갈색, 황갈색
- 결정 모양: 없음
- 결정계: 없음
- 광택: 흙색
- 모스 경도: 4~5½
- 조흔색: 황갈색 – 적색
- 비중: 2.7~4.3
- 특징: 지저분한 마른 진흙덩어리와 같으며, 매우 약하고 잘 부스러진다.

그림 3. 갈철석

감람석(橄欖石, Olivine)

- 어원: Olivine은 그 광물이 가지는 독특한 색인 올리브 녹색(olive – green)에서 유래. 이 광물에 대한 한국어와 조선어는 감람석, 중국어와 일본어는 橄欖石이며, '감람나무 잎의 색을 띠는 광물'을 뜻한다.
- 화학식: $(Mg, Fe)_2SiO_4$
- 색: 노란색 – 녹색
- 결정 모양: 알갱이 모양
- 결정계: 사방정계
- 쪼개짐: 거의 없음
- 깨짐: 조개껍데기의 성장선 모양
- 모스 경도: 6.5~7
- 비중: 3.2~4.34
- 용도: 준보석, 연마제, 내화벽돌 재료

그림 4. 모래알과 같이 작은 감람석 알갱이(연녹색)로 된 암석

강옥(鋼玉, Corundum)

- 어원: Corundum은 '루비(Ruby, 紅玉)'을 뜻하는 산스크리트어 *kuruvinda*에서 온 것으로 추측. 이 광물에 대한 한국어는 강옥, 중국어는 刚玉(강옥), 일본어는 鋼玉이다. 모두 '단단하고 강한 옥'을 뜻한다. 조선어는 강옥녹니석이라 한다.
- 화학식: Al_2O_3
- 색: 무색, 청색(사파이어), 적색(루비), 녹색, 보라색, 황색
- 결정 모양: 판자 모양, 기둥 모양
- 결정계: 삼방정계
- 쪼개짐: 없음
- 깨짐: 조개껍데기의 성장선 모양
- 모스 경도: 9.0
- 조흔색: 백색
- 비중: 3.9~4.1
- 용도: 보석(홍옥과 청옥)

그림 5. 강옥 결정

경석고(硬石膏, Anhydrite)

- 어원: Anhydrite는 '물이 없다'를 뜻하는 그리스어 *anhydros*에서 유래. 이 광물에 대한 한국어는 경석고, 중국어와 일본어는 硬石膏이며, '단단하게 굳은 광물'을 뜻한다. 한편 조선어는 무수물 또는 경석고라고 하는데 무수물은 화학성분에 물 분자(H_2O)가 없기 때문이다.
- 화학식: $CaSO_4$
- 색: 백색, 회색, 담황색
- 결정 모양: 섬유 모양, 바늘 모양, 판자 모양, 삼각기둥 모양, 공 모양
- 결정계: 단사정계
- 쪼개짐: 한 방향
- 깨짐: 조개껍데기의 성장선 모양
- 모스 경도: 2.5~3
- 조흔색: 백색
- 비중: 2.7~2.8
- 용도: 치과용 재료, 시멘트 원료, 건축 자재, 페인트

그림 6. 여러 개의 길쭉한 바늘 모양과 섬유 모양을 가진 경석고 결정 덩어리

고령석(高嶺石, Kaolinite)

○ 어원: Kaolinite는 중국의 강서성(Jiangxi province, 江西省) 경덕진(Jingdezhen, 景德镇)에 있는 고령석 산지인 '고령(Kao-Ling, 高嶺)'에서 유래. 이 광물에 대한 한국어는 고령석, 조선어는 고령토, 중국어는 高嶺石이며, 그 뜻은 위와 같다. 한편 일본에서는 영어 발음으로 カオリナイト(가오리나이토)로 쓴다.

○ 화학식: $Al_2Si_2O_5(OH)_4$

○ 색: 백색, 황색, 녹색, 청색

○ 결정 모양: 흙 모양

○ 결정계: 삼사정계

○ 쪼개짐: 한 방향

○ 깨짐: 부스러짐

○ 모스 경도: 2~2.5

○ 광택: 토상 광택, 진주광택

○ 조흔색: 백색

○ 비중: 2~6

○ 용도: 도자기 원료, 물속의 중금속 제거 원료, 미술품 재료

그림 7. 고령석(고령토)

공작석(孔雀石, Malachite)

○ 어원: Malachite는 '맬로우 녹색 돌'을 뜻하는 그리스어 *molochitis*(mallow-green stone)에서 유래. 여기서 맬로우(mallow)는 녹색 나뭇잎을 가진 식물로 약용 또는 장식용으로 사용된 식물이다. 이 광물에 대한 한국어와 조선어는 공작석, 중국어와 일본어는 孔雀石이며, '공작새의 깃털 무늬를 가진 광물'을 뜻한다.

○ 화학식: $CuCO_3(OH)_2$

○ 색: 녹색

○ 결정 모양: 종유석 모양

○ 결정계: 단사정계

○ 쪼개짐: 두 방향

○ 깨짐: 조개껍데기의 성장선 모양-잘게 갈라짐

○ 모스 경도: 4

○ 조흔색: 담녹색

○ 비중: 4.0

○ 용도: 장식 재료, 구리 원료, 준보석 원석

그림 8. 공작석

규선석(珪線石, Sillimanite)

○ 어원: Sillimanite는 미국 광물학자 실리만(Benjamin Silliman, 1779~1824)의 이름에서 유래. 한국어와 조선어는 규선석, 일본어는 珪線石, 중국어는 矽線石(석선석)이며, 모두 '선 모양으로 배열된 규질 광물'을 뜻한다.
○ 화학식: Al_2SiO_5
○ 색: 황회색, 회녹색, 갈색
○ 결정 모양: 바늘이나 실 모양, 가는 기둥 모양
○ 결정계: 사방정계
○ 쪼개짐: 한 방향
○ 깨짐: 파편으로 부서짐
○ 모스 경도: 6~7
○ 조흔색: 백색
○ 비중: 3.2
○ 용도: 내화재(耐火材), 세라믹스 원료

그림 9. 여러 개의 바늘 모양과 실 모양을 가진 규선석 결정 덩어리

규회석(珪灰石, Wollastonite)

○ 어원: Wollastonite는 영국의 광물학자 월라스톤(William Hyde Wollaston, 1766~1828)에서 유래. 이 광물에 대한 한국어와 조선어는 규회석, 중국어와 일본어는 珪灰石이며, '규질과 석회질 광물'을 뜻한다. 화강암질 마그마가 탄산염암을 관입하면서 그 속에 규산염 물질을 공급하는데 이때 규산염 물질과 탄산염 광물이 화합하여 규회석을 만든다.

○ 화학식: $CaSiO_3$

○ 색: 흰색, 무색, 회색

○ 결정 모양: 판 모양, 국화꽃 모양, 섬유 모양

○ 결정계: 삼사정계

○ 쪼개짐: 두 방향

○ 깨짐: 불 평탄-잘게 부스러짐

○ 모스 경도: 4.5~5

○ 조흔색: 백색

○ 비중: 2.8~2.9

○ 용도: 건물의 바닥과 벽에 붙이는 타일, 전기절연체, 요업제품 원료

그림 10. 길쭉한 판 모양과 섬유 모양을 가진 규회석 결정 덩어리

금강석(金剛石, Diamond)

- 어원: Diamond는 '부스러지지 않는'을 뜻하는 그리스어 *adámas*에서 유래. 이 광물에 대한 한국어와 조선어는 금강석, 일본어는 金剛石, 중국어는 鑽石(찬석) 또는 金剛石이며, '아주 단단한 광물'을 뜻한다. 찬석은 '뚫는 광물'의 뜻을 가지고 있다. 금강석의 단단한 정도(경도硬度, 굳기)가 지구상의 광물 중에서 가장 높아서 어떤 물질을 뚫고 갈아 내는 데 사용하기 때문에 그 특성을 광물 이름으로 나타낸 것이다.
- 화학식: C
- 색: 대부분 노란색, 갈색, 회색, 무색 간혹 청색, 녹색, 흑색, 적색 등 다양한 색
- 결정 모양: 팔면체
- 결정계: 등축정계
- 쪼개짐: 4방향
- 깨짐: 조개껍데기 성장선 모양
- 모스 경도: 10
- 조흔색: 없음
- 비중: 약 3.52
- 용도: 연마재, 보석 원료 광물, 절단 기구의 날, 시추 기구의 날

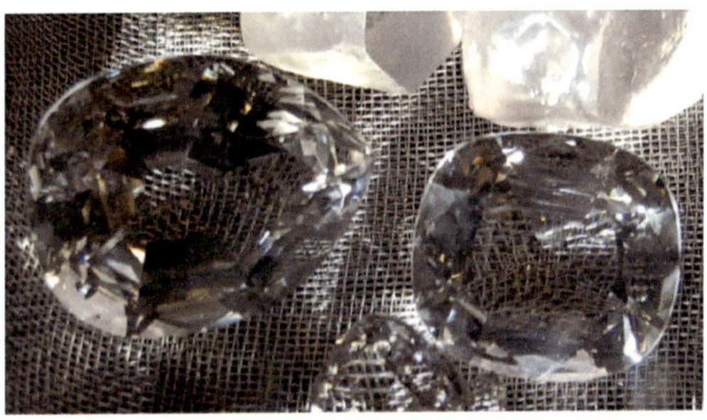

그림 11.
보석 금강석(20carat)

그림 12.
보석 금강석(10carat)

금홍석(金紅石, Rutile)

- 어원: Rutile은 '적색, 금홍색, 적황색'을 뜻하는 라틴어 *rutilus*에서 유래. 이 광물에 대한 한국어와 조선어는 금홍석, 중국어와 일본어는 金紅石이며, '금홍색을 띠는 광물'을 뜻한다.
- 화학식: TiO_2
- 색: 적갈색 – 철흑색
- 결정 모양: 침상, 긴 털 모양
- 결정계: 정방정계
- 쪼개짐: 세 방향
- 깨짐: 불 평탄 또는 조개껍데기의 성장선 모양
- 모스 경도: 6~6.5
- 조흔색: 황갈색
- 비중: 4.2~4.3
- 용도: 도자기 원료, 티탄 금속의 원료, 물감 원료, 준보석

그림 13. 석영 속의 금홍석 결정(바늘 모양)

남정석(藍晶石, Kyanite)

○ 어원: Kyanite는 '진한 파란색'을 뜻하는 그리스어 *kuanos(kyanos)*에서 유래. 이 광물에 대한 한국어는 남정석, 조선어는 람정석, 중국어와 일본어는 藍晶石이며, '진한 파란색 결정 광물'을 뜻한다.

○ 화학식: Al_2SiO_5

○ 색: 무색, 백색, 청색, 녹색

○ 결정 모양: 각이 진 막대 모양, 섬유 모양, 납작한 판 모양

○ 결정계: 삼사정계

○ 쪼개짐: 두 방향

○ 깨짐: 파편 모양

○ 모스 경도: 4~4.5, 6~7

○ 조흔색: 백색

○ 비중: 3.6~3.7

○ 용도: 도자기 원료, 전기 절연체, 준보석, 변성 정도를 검증하는 지시 광물

그림 14. 여러 개의 길쭉한 판 모양과 실 모양을 가진 남정석 결정 덩어리

녹렴석(緑簾石, Epidote)

- 어원: Epidote는 그리스어 *epi* + *didonai*의 합성어에서 유래되었으며, *epi*는 '초과'를 *didonai*는 '주다'를 뜻한다. 녹렴석의 세 축 중 한 축이 길다는 의미를 담고 있다. 이 광물에 대한 한국어는 녹렴석, 조선어는 록렴석, 중국어와 일본어는 緑簾石이며, 모두 '녹색 발(햇빛을 가리는 기다란 물건)과 같은 광물'의 의미를 담고 있다.
- 화학식: $Ca_2FeAl_2(Si_2O_7)(SiO_4)(O, OH)_2$
- 색: 녹색, 황녹색
- 결정 모양: 가늘고 각이 진 막대 모양, 섬유 모양
- 결정계: 단사정계
- 쪼개짐: 한 방향
- 깨짐: 불 평탄
- 모스 경도계: 6~7
- 조흔색: 회색
- 비중: 3.3~3.5
- 용도: 준보석

그림 15. 장석(황색 광물)과 함께 성장한 녹렴석(녹색 광물)

녹니석(綠泥石, Chlorite)

- 어원: Chlorite는 '녹색'을 뜻하는 그리스어 *chloros*에서 유래. 이 광물에 대한 한국어는 녹니석, 조선어는 록니석, 중국어와 일본어는 綠泥石이며, '녹색 점토 광물'을 뜻한다.
- 화학식: $(Mg, Fe)_5Al(Si, Al)_4O_{10}(OH)_8$
- 색: 녹색, 드물게 황색, 적색, 백색
- 결정 모양: 물고기 비늘 모양
- 결정계: 단사정계
- 쪼개짐: 한 방향
- 깨짐: 얇은 조각
- 모스 경도: 2~2.5
- 조흔색: 녹색-회색
- 비중: 2.6~3.3
- 용도: 비료, 도자기 원료

×2

그림 16. 녹니석(녹색 광물)

녹주석(綠柱石, Beryl)

- 어원: Beryl은 바닷물과 같이 '청록색을 띤 귀한 돌'을 뜻하는 그리스어 *beryllos* 에서 유래. 이 광물에 대한 한국어는 녹주석, 조선어는 록주석, 중국어와 일본어는 綠柱石이며, '녹색 기둥 모양을 가진 광물'을 뜻한다.
- 화학식: $Be_3Al_2Si_6O_{18}$
- 색: 녹색, 청색, 황색, 무색
- 결정 모양: 육각기둥 모양
- 결정계: 육방정계
- 쪼개짐: 한 방향
- 깨짐: 조개껍데기 성장선 모양
- 모스 경도: 7.5~8
- 조흔색: 백색
- 비중: 2.63~2.8
- 용도: 보석, 연마재

그림 17. 녹주석 결정(녹색 광물)

능망간석(菱-石, Rhodochrosite)

- ○ 어원: Rhodochrosite는 '장미색'을 뜻하는 그리스어 *rhodo -khros*에서 유래. 이 광물에 대한 한국어는 능망간석, 조선어는 릉망간광 또는 탄산망간광, 중국어는 菱锰矿(능맹광), 일본어는 菱マンガン鉱(능만간광)이며, 모두 '능면체 망간 광물'을 뜻한다.
- ○ 화학식: $MnCO_3$
- ○ 색: 적색 – 핑크색, 갈색 – 황색, 회색 – 백색
- ○ 결정 모양: 능면체(菱面体: 나란히네모꼴 육면체)
- ○ 결정계: 삼방정계
- ○ 쪼개짐: 한 방향
- ○ 깨짐: 조개껍데기의 성장선 모양
- ○ 모스 경도: 4
- ○ 조흔색: 백색
- ○ 비중: 3.3~3.6
- ○ 용도: 망간의 원료, 장식품

그림 18. 능망간석 결정(붉은색 결정). 지질자원연구원 제공

능아연석(菱亞鉛石, Smithsonite)

- 어원: Smithsonite는 영국의 광물학자 스미스손(James Smithson, 1754~1829)의 이름에서 유래. 이 광물에 대한 한국어는 능아연석, 중국어는 능신광(菱锌矿), 일본어는 능아연광(菱亞鉛鉱)이며, '능면체 아연 광물'을 뜻한다.
- 화학식: $ZnCO_3$
- 색: 백색, 황색, 녹색, 청색, 자색
- 결정 모양: 덩어리 모양, 포도송이 모양
- 결정계: 삼방정계
- 쪼개짐: 한 방향
- 깨짐: 조개껍데기의 성장선 모양
- 모스 경도: 5
- 조흔색: 백색
- 비중: 4.3~4.5
- 용도: 아연의 원료, 장식품

그림 19. 여러 개의 능아연석 결정으로 된 덩어리. 지질자원연구원 제공

능철석(菱鐵石, Siderite)

- 어원: Siderite는 '철'을 뜻하는 그리스어 *sideros*에서 유래. 이 광물에 대한 한국어는 능철석, 조선어는 릉철광, 중국어는 菱鉄矿, 일본어는 菱鉄鉱이며, '능면체 철 광물'을 뜻한다.
- 화학식: $FeCO_3$
- 색: 담황갈색
- 결정 모양: 판 모양, 포도송이 모양 - 덩어리 모양
- 결정계: 삼방정계
- 쪼개짐: 한 방향
- 깨짐: 불 평탄 - 조개껍데기의 성장선 모양
- 모스 경도: 4~4.5
- 조흔색: 백색
- 비중: 3.89
- 용도: 철의 원료

그림 20. 여러 개의 능철석으로 된 덩어리

단백석(蛋白石, Opal)

- ○ 어원: Opal은 '돌(맷돌)'을 뜻하는 라틴어 *opalus*에서 유래. 이 광물에 대한 한국어와 조선어는 단백석, 중국어는 蛋白石이며, '새알의 흰자와 같은 광물'을 뜻한다. 한편 일본에서는 영어의 뜻과 발음을 그대로 받아들여 オパール(오파-루)라고 표기하는데 때때로 蛋白石을 사용하기도 한다.
- ○ 화학식: $SiO_2 \cdot nH_2O$
- ○ 색: 백색, 흑색, 무지개 색, 무색
- ○ 결정 모양: 불규칙적인 맥(vein) 모양
- ○ 결정계: 비정질
- ○ 쪼개짐: 없음
- ○ 깨짐: 조개껍데기의 성장선 모양
- ○ 모스 경도: 5.5~6.5
- ○ 조흔색: 백색
- ○ 비중: 2.1~2.2
- ○ 용도: 장식 재료, 시약 분쇄 절구, 준보석

그림 21. 단백석

마그네사이트(Magnesite)

- 어원: Magnesite는 그리스 해안지역 '마그네시아(Magnesia)'에서 유래. 여기서 생산되는 광석을 그리스어로 '*lithos magnetikos*(마그네시아의 돌)'이라고 했다. 이 광물에 대한 한국어와 조선어는 영어의 뜻과 발음을 그대로 받아들여 '마그네사이트'라 한다. 한편 중국어는 菱镁矿(능미광), 일본어는 菱苦土石(능고토석) 또는 菱苦土鉱(능고토광)이며, '능면체의 마그네슘 광물'을 뜻한다.
- 화학식: $MgCO_3$
- 색: 무색, 백색, 갈색, 회색
- 결정 모양: 덩어리 모양, 드물게 육각기둥 모양, 능면체
- 결정계: 삼방정계
- 쪼개짐: 두 방향
- 깨짐: 조개껍데기의 성장선 모양
- 모스 경도: 4.5~5
- 조흔색: 백색
- 비중: 3.0~3.2
- 용도: 마그네슘의 원료

그림 22. 마그네사이트

마노(碼瑙, Agate)

- 어원: Agate는 시실리에 있는 '아카테스강(Achates River)'의 그리스어 *Achates*에서 유래. 이 광물에 대한 한국어는 마노, 조선어는 마뇌, 중국어와 일본어는 碼瑙이며, '말의 뇌와 비슷한 광물'을 뜻한다.
- 화학식: SiO_2
- 색: 흰색 - 회색, 청색, 오렌지색 - 적색, 흑색
- 결정 모양: 미세한 능면체 결정
- 쪼개짐: 없음
- 깨짐: 조개껍데기의 성장선 모양
- 모스 경도: 7
- 조흔색: 백색
- 비중: 2.58~2.64
- 용도: 준보석, 장식품, 고급 절구

그림 23. 마노

망가나이트(Manganite)

○ 어원: Manganite는 '주로 망간(Mn의 중량비 62.5%)으로 이루어진 광물'을 뜻한다. 이 광물에 대한 한국어는 영어의 뜻과 발음을 그대로 받아들여 '망가나이트'라 한다. 한편 조선어는 수망간광, 중국어는 水锰矿(수맹광), 일본어는 水マンガン鉱(수만간광)이며, '물을 포함한 망간광'을 뜻한다.
○ 화학식: MnO(OH)
○ 색: 흑갈색
○ 결정 모양: 길고 모난 막대 모양, 섬유 모양
○ 결정계: 단사정계
○ 쪼개짐: 세 방향
○ 깨짐: 불 평탄
○ 모스 경도: 4
○ 조흔색: 암갈색
○ 비중: 4.3~4.4
○ 용도: 망간의 원료

그림 24. 암석 속에 길쭉한 맥 모양 또는 덩어리 모양으로 들어 있는 청회색 망가나이트

명반석(明礬石, Alunite)

- ○ 어원: Alunite는 라틴어 *alumen*에서 유래되었으며, *alumen*은 당시 지혈제로 쓰이던 물질(명반: 明礬) 이름이다. 이 광물에 대한 한국어와 조선어는 명반석, 중국어와 일본어는 明礬石이며, 모두 '밝은 백반'을 뜻한다.
- ○ 화학식: $KAl_3(SO_4)_2(OH)_6$
- ○ 색: 무색, 백색, 회색, 담홍색
- ○ 결정 모양: 판상－능면체, 알갱이 모양
- ○ 결정계: 삼방정계
- ○ 쪼개짐: 한 방향
- ○ 깨짐 :조개껍데기의 성장선 모양, 불 평탄
- ○ 모스 경도: 3.5~4
- ○ 조흔색: 백색
- ○ 비중: 2.6~2.8
- ○ 맛: 떫은맛
- ○ 용도: 의약품, 지혈제, 직물, 설탕, 종이, 페인트 등을 만드는 데 쓰이며, 염색할 때 매염제로 사용하기도 하고 정수 장치의 응고제로도 사용한다.

그림 25. 명반석. 지질자원연구원 제공

방연석(方鉛石, Galena)

- 어원: Galena는 '납 광물'을 뜻하는 라틴어 *galena*에서 유래. 원소기호 Pb는 '납(鑞, lead)'을 뜻하는 라틴어 *plumbum*에서 유래. 이 광물에 대한 한국어는 방연석, 조선어는 방연광, 중국어는 方鉛矿, 일본어는 方鉛鉱이며, '네모난 납 광물'을 뜻한다.
- 화학식: PbS
- 색: 은빛 회색
- 결정 모양: 육면체, 팔면체
- 결정계: 등축정계
- 쪼개짐: 세 방향
- 깨짐: 조개껍데기의 성장선 모양
- 모스 경도: 2.5
- 광택: 금속광택
- 조흔색: 회색 - 흑색
- 비중: 7.2~7.6
- 용도: 납의 원료

그림 26. 방연석

미사장석(微斜長石, Microcline)

- 어원: Microcline은 '작은 구부러짐'을 뜻하는 그리스어 *mikroklinein*에서 유래. 이 광물에 대한 한국어와 조선어는 미사장석, 중국어와 일본어는 微斜長石이며, '미세하게 경사진 장석'을 뜻한다.
- 화학식: $KAlSi_3O_8$
- 색: 백색, 회색, 황색, 분홍색, 녹색
- 결정 모양: 각기둥, 덩어리 모양
- 결정계: 삼사정계
- 쪼개짐: 두 방향
- 깨짐: 불 평탄
- 모스 경도: 6
- 광택: 유리질 광택
- 조흔색: 백색
- 비중: 2.54~2.57
- 용도: 세라믹 원료

그림 27. 미사장석

방해석(方解石, Calcite)

- ○ 어원: Calcite는 '석회(石灰)'를 뜻하는 그리스어 *Chalx*에서 유래. 이 광물에 대한 한국어와 조선어는 방해석, 중국어와 일본어는 方解石이며, '네모로 잘 갈라지는 광물'을 뜻한다.
- ○ 화학식: $CaCO_3$
- ○ 색: 무색, 흰색, 회색, 노란색
- ○ 결정 모양: 능면체
- ○ 결정계: 육방정계(삼방정계)
- ○ 쪼개짐: 세 방향
- ○ 깨짐: 조개껍데기의 성장선 모양
- ○ 모스 경도: 3
- ○ 조흔색: 백색
- ○ 비중: 2.71
- ○ 기타: 묽은 산에 격렬히 반응(탄산가스 방출)
- ○ 용도: 광학 기기, 제철용 용재, 시멘트 원료

그림 28. 방해석 결정

백운모(白雲母, Muscovite)

- 어원: Muscovite는 옛 러시아 언어인 머스코비어의 '머스코비 유리(*Muscovy* −*glass*)'에서 유래. 과거 러시아에서 백운모를 유리 대신에 창문용으로 사용했기 때문에 붙여진 광물 이름. 이 광물에 대한 한국어와 조선어는 백운모, 중국어와 일본어는 白雲母이며, '흰색 운모'를 뜻한다. 운모는 '구름의 근원'을 뜻하는데 옛날에는 구름이 운모와 같은 광물에서 발생한다고 믿었던 것으로 추측된다.
- 화학식: $KAl_2(AlSi_3)O_{10}(F, OH)_2$
- 색: 녹색, 백색, 무색, 회색, 은색, 황색
- 결정 모양: 얇은 필름 모양, 물고기 비늘 모양
- 결정계: 단사정계
- 쪼개짐: 한 방향
- 모스 경도: 2~2.5
- 조흔색: 백색
- 비중: 2.78~2.88
- 용도: 전기 제품의 절연체, 한약재, 유리 대용, 벽지, 충전제, 윤활제, 흡착제

그림 29. 백운모 결정

백운석(白雲石, Dolomite)

- ○ 어원: Dolomite는 이 광물을 처음 명명한 프랑스 지질학자 돌로뮤(Déodat Gratet de Dolomieu, 1750~1801)에서 유래. 이 광물에 대한 한국어는 돌로마이트 또는 백운석, 조선어는 고회석, 중국어는 白云石, 일본어는 ドロマイト(도로마이토)이며, 백운석은 '흰 구름 같은 광물'을 뜻한다. 고회석(苦灰石)의 뜻은 명확하지 않으나 '거친 석회질 광물'을 뜻하는 것으로 추측한다.
- ○ 화학식: $CaMg(CO_3)_2$
- ○ 색: 백색, 회색 - 핑크색
- ○ 결정 모양: 판 모양, 휘어진 판 모양, 기둥 모양, 알갱이 모양
- ○ 결정계: 삼방정계
- ○ 쪼개짐: 세 방향
- ○ 깨짐: 부스러짐, 조개껍데기의 성장선 모양
- ○ 모스 경도: 3.5~4
- ○ 조흔색: 백색
- ○ 비중: 2.85~2.95
- ○ 용도: 마그네슘을 뽑아내는 광물, 비료, 제약 물질, 마그네슘의 원료, 장식용 석재, 시멘트 원료

×2

그림 30. 여러 개의 백운석 결정(흰색)으로 이루어진 암석

백철석(白鐵石, Marcasite)

- 어원: Marcasite는 황철석(Pyrite)을 뜻하는 아랍어 *marqashita*에서 유래. 이 광물이 황철석보다 밝은 색을 띠기 때문에 백철황철석(white iron pyrite)이라고 부르기도 한다. 이 광물에 대한 한국어는 백철석, 조선어는 백철광, 중국어는 白铁矿(백철광), 일본어는 白鐵鑛(백철광)이다. 백철석이 황철석보다희고 밝은색을 띠기 때문에 붙여진 이름으로 추측된다.
- 화학식: FeS_2
- 색: 동황색, 황색 - 회색
- 결정계: 사방정계
- 깨짐: 불 평탄
- 모스 경도: 6~6.5
- 광택: 금속광택
- 조흔색: 흑색
- 비중: 약 4.9
- 기타: 백철석은 황철석과 동질이상의 관계
- 용도: 철을 뽑아내는 원석, 장식용 또는 전시용 광물

그림 31. 백철석(회색 - 황회색)

사문석(蛇紋石, Serpentine)

○ 어원: Serpentine은 '뱀과 비슷한'을 뜻하는 라틴어 *serpentinus*에서 유래. 이 광물에 대한 한국어와 조선어는 사문석, 중국어와 일본어는 蛇紋石이며, '뱀 무늬를 가진 광물'을 뜻한다.
○ 화학식: $(Mg, Fe)_3Si_2O_5(OH)_4$ 또는 $Mg_3Si_2O_5(OH)_4$
○ 색: 올리브 녹색, 황색, 금색, 갈색, 흑색
○ 결정 모양: 단 결정 모양을 관찰할 수 없으며, 실 모양, 암맥으로 간혹 발견된다.
○ 결정계: 단사정계, 사방정계, 육방정계
○ 쪼개짐: 종류에 따라 한 방향 또는 없음
○ 깨짐: 종류에 따라 조개껍데기의 성장선 모양 또는 파편 모양
○ 광택: 비단 광택, 유지 광택
○ 모스 경도: 3~4.5
○ 비중: 2.2~2.6
○ 조흔색: 백색
○ 용도: 건축용 석재, 미술품 원자재

그림 32. 사문석

사장석(斜長石, Plagioclase)

- 어원: Plagioclase는 '경사진 쪼개짐'을 뜻하는 그리스어 *plagios*와 *klao*의 합성어에서 유래. 사장석의 쪼개짐 두 방향이 서로 직각으로 교차하지 않고 경사져서 교차하기 때문에 붙여진 광물 이름이다. 이 광물에 대한 한국어와 조선어는 사장석, 중국어와 일본어는 斜長石이며, '쪼개짐 면이 서로 직교하지 않는 장석'을 뜻한다.
- 화학식: $NaAlSi_3O_8$(Ab) – $CaAl_2Si_2O_8$(An) 고용체
- 결정계: 삼사정계
- 쪼개짐: 두 방향
- 모스 경도: 6~6.5
- 조흔색: 백색
- 비중: 2.605~2.77
- 사장석 고용체 계열 광물의 종류와 An과 Ab의 비율: 아놀사이트(anorthite, An: 90~100%, Ab: 10~0%), 바이토우나이트(Bytownite, An: 70~90%, Ab: 30~10%), 라브라도라이트(Labradolite, An: 50~70%, Ab: 50~30%), 안데신(Andesine, An: 30~50%, Ab: 70~50%), 올리고크레이스(Oligoclase, An: 10~30%, Ab: 90~70%), 알바이트(albite, An: 10~0%, Ab: 90~100%)
- 용도: 준보석, 도자기 원료

그림 33. 여러 개의 사장석 결정으로 된 덩어리

석고(石膏, Gypsum)

○ 어원: Gypsum은 '백악(白堊)'을 뜻하는 그리스어 *gypsos*에서 유래. 이 광물에 대한 한국어와 조선어는 석고, 중국어와 일본어는 石膏이며, '고약처럼 붙이는 광물 또는 회반죽을 만드는 광물'을 뜻한다.

○ 화학식: $CaSO_4 \cdot 2H_2O$

○ 색: 무색 – 백색

○ 결정 모양: 판 모양, 기둥 모양

○ 결정계: 단사정계

○ 쪼개짐: 두 방향

○ 깨짐: 조개껍데기의 성장선 모양

○ 모스 경도: 2

○ 조흔색: 백색

○ 비중: 2.31~2.33

○ 용도: 회반죽 재료, 접착제, 미술 재료, 건축 재료

그림 34. 석고 결정

석류석(石榴石, Garnet)

- 어원: Garnet은 '진한 적색'을 뜻하는 중세 영어 *gernet* 또는 '알갱이'를 뜻하는 라틴어 *granatus*에서 유래. 이 광물에 대한 한국어와 조선어는 석류석, 중국어와 일본어는 石榴石이며, '석류나무 열매 속 알갱이와 같은 광물'을 뜻한다.
- 화학식: $X_3Y_2(SiO_4)_3Z_8$
- 색: 다양함
- 결정 모양: 사방십이면체 또는 육면체
- 결정계: 등축정계
- 쪼개짐: 없음
- 깨짐: 조개껍데기의 성장선 모양
- 모스 경도: 6.0~7.5
- 조흔색: 백색
- 비중: 3.1~4.3
- 석류석 변종 광물: 홍석류석(紅石榴石, Pyrope) $Mg_3Al_2Si_3O_{12}$, 알만딘(Almandine) $Fe_3Al_2Si_3O_{12}$, 스페사르틴(Spessartine) $Mn_3Al_2Si_3O_{12}$, 회철석류석(灰鐵석류석, Andradite) $Ca_3Fe_2Si_3O_{12}$, 그로슐라이트(Grossularite) $Ca_3Al_2Si_3O_{12}$, 우바로바이트(Uvarovite) $Ca_3Cr_2Si_3O_{12}$
- 용도: 준보석, 연마제, 장식품

그림 35. 석류석 종류
(좌: 회철석류석, 우: 그로슐라이트)

그림 36. 규선석(흰색) 결정과 석류석(황갈색) 결정이 잘 발달되어 있고 약간의 휘석(연녹색: diopside) 결정이 포함된 덩어리

석영(石英, Quartz)

- 어원: Quartz는 독일의 한 지역인 Quarz에서 유래. 이 광물에 대한 한국어와 조선어는 석영, 중국어와 일본어는 石英이며, '돌 꽃부리'를 뜻한다.
- 산출 빈도: 지구상의 광물 중 두 번째로 흔한 광물(장석이 첫 번째)
- 화학식: SiO_2
- 색: 무색~검정색까지 다양함
- 결정형: 끝이 뾰족한 육각기둥 모양
- 결정계: 육방정계
- 깨짐: 조개껍데기의 성장선 모양
- 모스 경도: 7
- 조흔색: 백색
- 비중: 2.65
- 다색성: 없음
- 석영의 변종 광물: 옥수(Chalcedony), 아게이트 (Agate), 자스퍼(Jasper), 호안석(Tiger's Eye), 수정(Rock crystal), 황수정(Citrine), 자수정(Amethyst), 장미석영(Rose quartz), 연수정(Smoky quartz)
- 용도: 광학 재료, 준보석, 장식물

그림 37. 연수정(좌)과 자수정(우)

×0.6

×0.5

그림 38. 장미석영(좌)과 자수정 결정(우)

×3

그림 39. 석영 결정 복합체

×2

그림 40. 호안석

십자석(十字石, Staurolite)

○ 어원: Staurolite는 '교차한다'를 뜻하는 그리스어 *stauros*에서 유래. 한국, 조선, 중국, 일본에서는 십자석 (十字石)이라 하며, '십자 모양의 광물'을 뜻한다.
○ 화학식: (Fe, Mg)$_4$Al$_{17}$(Si, Al)$_8$O$_{44}$(OH)$_4$
○ 색: 적갈색, 갈색, 흑색
○ 결정 모양: 각이 진 기둥 모양, 판 모양, 일반적으로 두 결정이 교차하여 나타남
○ 결정계: 사방정계
○ 쪼개짐: 한 방향
○ 깨짐: 불 평탄, 조개껍데기의 성장선 모양
○ 경도: 7~7.5
○ 조흔색: 백색
○ 비중: 3.7~3.8
○ 용도: 보석 광물

그림 41. 변성암 속의 십자석 결정

아라고나이트(Aragonite)

○ 어원: Aragonite는 스페인의 중북부에 있는 아라곤(Aragon)의 외곽 지명(Molina de Aragón)에서 유래. 이 광물에 대한 한국어는 영어 뜻과 발음에 따라 '아라고나이트', 조선어는 산석, 중국어는 산석(霰石), 일본어는 아라레석(アラレ石) 또는 霰石이며, 산석은 '잘게 나누어진 광물'을 뜻한다.
○ 화학식: $CaCO_3$
○ 색: 무색, 백색, 황색
○ 결정 모양: 섬유-바늘 모양, 종유석 모양
○ 결정계: 사방정계
○ 쪼개짐: 불명확
○ 깨짐: 불 평탄
○ 모스 경도: 3.5~4
○ 조흔색: 백색
○ 비중: 2.95
○ 용도: 장식용 재료, 시멘트 원료

그림 42. 여러 개의 아라고나이트 결정 덩어리

암염(岩鹽, Halite)

○ 어원: Halite는 '소금'을 뜻하는 그리스어 *hals*에서 유래. 이 광물에 대한 한국어는 암염, 조선어는 돌소금 또는 암염, 일본어는 岩鹽, 중국어는 石鹽(석염)이며, 모두 '돌소금'을 뜻한다.

○ 화학식: NaCl

○ 색: 무색 또는 백색, 다양

○ 결정 모양: 정육면체

○ 결정계: 등축정계

○ 쪼개짐: 세 방향

○ 깨짐: 조개껍데기의 성장선 모양

○ 모스 경도: 2

○ 조흔색: 흰색

○ 비중: 2.17

○ 용도: 식염, 방부제, 나트륨과 염소의 원료, 화학 원료

×0.7

그림 43. 암염 결정

×2.5

그림 44. 암염 결정

양기석(陽起石, Actinolite)

- 어원: Actinolite는 섬유상 광물 결정의 '광선'을 뜻하는 그리스어 *aktinos*에서 유래. 이 광물에 대한 한국어와 조선어는 양기석, 중국어는 阳起石(양기석)이며, '남성의 정력을 증가시키는 광물'을 뜻한다. 한편 일본어는 緑閃石(녹섬석)이며, '빛을 잘 반사하는 녹색 광물'을 뜻한다. 투각섬석(tremolite)의 고용체다.
- 화학식: $Ca_2(Mg, Fe)_5Si_8O_{22}(OH)_2$
- 색: 무색, 백색, 회색, 암녹색
- 결정 모양: 칼날 모양, 가는 막대 모양, 바늘 모양, 실 모양
- 결정계: 단사정계
- 쪼개짐: 두 방향
- 깨짐: 불 평탄
- 모스 경도: 5~6
- 조흔색: 백색
- 비중: 2.9~3.4
- 용도: 한약재, 장식 재료

그림 45. 가는 막대 모양, 바늘 모양, 실 모양을 가진 양기석 결정 덩어리

옥수(玉髓, Chalcedony)

- 어원: Chalcedony는 그리스어로 고대 그리스 항구 도시 칼세돈(Chalkedon)에서 유래. 칼세돈은 현재의 터키에 속하지만 고대의 아시아 미노르(Asia Minor) 또는 아나톨리아(Anatolia)에 속했던 항구 도시. 이 광물에 대한 한국어와 조선어는 옥수, 중국어와 일본어는 玉髓이며, '동물 뼈 속의 단면과 같은 무늬를 가진 옥'을 뜻한다.
- 화학식: SiO_2
- 색: 무색
- 결정 모양: 없음
- 결정계: 삼방정계
- 쪼개짐: 없음
- 깨짐: 불 평탄, 조개껍데기 성장선 모양
- 모스 경도: 6
- 조흔색: 백색
- 비중: 2.59~2.61
- 용도: 준보석, 장식재

그림 46. 연마된 옥수 덩어리

인회석(燐灰石, Apatite)

○ 어원: Apatite는 '속이다'의 뜻을 가진 그리스어 *apate*에서 유래. 주의해서 보지 않으면 감람석, 녹주석, 석류석, 전기석과 같은 보석 광물과 구별되지 않기 때문에 붙어진 광물 이름이다. 이 광물에 대한 한국어는 인회석, 조선어는 린회석, 중국어와 일본어는 燐灰石이며, '인과 석회(산화칼슘)로 된 광물'을 뜻한다.
○ 화학식: $Ca_5(F, Cl, OH)(PO_4)_3$
○ 색: 투명~반투명, 녹색, 간혹 무색, 황색, 청색, 핑크색
○ 결정 모양: 판 모양, 각이 진 기둥 모양, 알갱이 모양
○ 결정계: 육방정계
○ 쪼개짐: 두 방향
○ 깨짐: 불 평탄
○ 모스 경도: 5
○ 조흔색: 백색
○ 비중: 3.16~3.22
○ 용도: 비료 재료

그림 47. 인회석 결정 (파란색 광물 결정)

자류철석(磁硫鐵石, Pyrrhotite)

- 어원: Pyrrhotite는 '붉은 불꽃색'의 뜻을 가진 그리스어 *pyrrhos*에서 유래. 이 광물에 대한 한국어는 자류철석, 조선어는 자황철광, 중국어는 자황철광(磁黃铁矿), 일본어는 자류철광(磁硫鉄鉱)이며, '자성과 황화철 성분을 가진 광물'을 뜻한다.
- 화학식: $Fe_{1-x}S$ (x = 0~0.2)
- 색: 황동갈색
- 결정 모양: 육각 판 모양, 육각기둥 모양
- 결정계: 육방정계
- 쪼개짐: 없음
- 깨짐: 불 평탄
- 모스 경도: 4
- 조흔색: 회흑색
- 비중: 4.6
- 용도: 철의 원료

그림 48. 자류철석

자철석(磁鐵石, Magnetite)

- 어원: Magnetite는 자석(magnet)에서 유래. 이 광물에 대한 한국어는 자철석, 조선어는 자철광, 중국어는 磁铁矿(자철광), 일본어는 磁鉄鉱(자철광)이며, '자성을 가진 철 광물'을 뜻한다.
- 화학식: Fe_3O_4
- 색: 흑색
- 결정 모양: 팔면체
- 결정계: 등축정계
- 쪼개짐: 불분명
- 깨짐: 불 평탄
- 모스 경도: 5.5
- 조흔색: 흑색
- 비중: 5.2
- 용도: 자성을 가진 철의 원료

그림 49. 자철석

적철석(赤鐵石, Hematite)

- 어원: Hematite는 '피'를 뜻하는 그리스어 *haema*에서 유래. 이 광물에 대한 한국어는 적철석, 조선어는 적철광, 중국어는 赤铁矿(적철광), 일본어는 赤鉄鉱이며, '붉은 철 광물'을 뜻한다.
- 화학식: Fe_2O_3
- 색: 강철회색-철회색
- 결정 모양: 판 모양 – 두꺼운 결정
- 결정계: 삼방정계
- 쪼개짐: 없음
- 깨짐: 불 평탄
- 모스 경도: 6.5
- 조흔색: 적색
- 비중: 5.2~5.3
- 용도: 철의 원료

그림 50. 적철석

전기석(電氣石, Tourmaline)

- 어원: Tourmaline은 '서로 뒤섞인 색을 가진 광물'을 뜻하는 싱헐러어(Sinhalese word: 스리랑카의 모국어) *toramalli*에서 유래. *toramalli*는 1800년대 초기에 스리랑카의 실론(Ceylon) 섬 원주민이 저어콘(zircon) 보석 광물을 부르던 명칭이다. 이 광물에 대한 한국어와 조선어는 전기석, 중국어와 일본어는 電氣石이며, '전기적 특성(압전성, 壓電性)을 가진 광물'을 뜻한다.
- 화학식: $AD_3G_6[BO_3]_3[T_6O_{18}]Y_3Z$
- 색: 대부분 흑색이지만 갈색, 자색, 녹색, 핑크색으로 다양
- 결정 모양: 길고 각이 진 기둥 모양, 국화꽃 모양
- 결정계: 육방정계 (삼방정계)
- 깨짐: 조개껍데기의 성장선 모양, 부스러짐
- 모스 경도: 7
- 조흔색: 백색
- 비중: 3~3.25
- 용도: 준보석

그림 51. 전기석 결정

정장석(正長石, Orthoclase)

- 어원: Orthoclase는 '똑바른 쪼개짐'을 뜻하는 그리스어 *orthoklan*에서 유래. 이 광물에 대한 한국어와 조선어는 정장석, 중국어와 일본어는 正長石이며, '쪼개짐 면의 두 방향이 서로 직교한 광물'을 뜻한다.
- 화학식: $KAlSi_3O_8$
- 색: 무색, 녹회색, 백색, 핑크색
- 결정형: 길쭉한 육면체
- 결정계: 단사정계
- 쪼개짐: 두 방향
- 모스 경도: 6
- 조흔색: 백색
- 비중: 2.55~2.63
- K-장석에 속하는 광물: 정장석(Orthoclase, 단사정계, $KAlSi_3O_8$), 미사장석(Microcline, 삼사정계, $KAlSi_3O_8$)
- 용도: 도자기 원료, 준보석

그림 52. 정장석 결정

종유석(鐘乳石, Stalactite)

○ 어원: Stalactite는 물방울이 한 방울씩 '똑똑 떨어지는'을 뜻하는 그리스어 *stalasso*에서 유래. 이 광물에 대한 한국어는 종유석, 조선어는 고드름돌 또는 종유석, 중국어는 钟乳石(종유석), 일본어는 鍾乳石(종유석)이며, 종유석은 '젖이 모여서 만들어진 돌'을 뜻한다.

○ 화학식: $CaCO_3$

○ 색: 흰색, 투명, 연회색, 황색

○ 모양: 고드름 모양, 젖꼭지 모양, 빨대 모양 등

○ 성인: 지하수에 용해된 석회 성분 $Ca(HCO_3)_2$가 석회동 천장으로 흘러나오면서 CO_2 성분이 공기 중으로 방출되면 $CaCO_3$ 성분이 천정에 달라붙게 된다. 이러한 과정이 오랫동안 계속 반복되면 고드름 모양의 종유석이 만들어진다. 이 과정을 화학식으로 나타내면 다음과 같다.

$$Ca(HCO_3)_2 \rightarrow CaCO_3 + H_2O + CO_2$$

만약 물속에 들어 있는 $CaCO_3$ 성분이 천장에 달라붙지 않고 석회동 바닥으로 떨어져서 오랫동안 모이면 석순(Stalagmite)이 되어 자라 올라간다. 천장에서 자라 내려오는 종유석과 바닥에서 자라 올라가는 석순이 이어지면 석주가 된다. 이외에 $CaCO_3$ 성분으로 만들어지는 모양에 따라 음료수 빨대 모양의 빨대 종유석(Straw Stalactite)을 비롯한 다양한 모양이 만들어진다.

그림 53. 단양 노동동굴에 발달된 종유석, 석순, 석주. 김태영 제공

저어콘(Zircon)

- ○ 어원: Zircon은 '주홍색'을 뜻하는 아랍어 *zarqun*에서 유래되었다는 설과 '황금색'을 뜻하는 페르시아어 *zargun*에서 유래되었다는 설이 있다. 이 광물에 대한 한국어는 영어 발음으로 저어콘, 조선어는 원어 발음으로 지르콘석, 중국어는 '지르코늄석'을 뜻하는 锆石(고석), 일본어는 원어 발음으로 ジルコン(지루콘)으로 표기한다.
- ○ 화학식: $ZrSiO_4$
- ○ 색: 적갈색, 황색, 녹색, 회색, 무색
- ○ 결정형: 판 모양, 각기둥 모양, 덩어리 모양
- ○ 결정계: 정방정계
- ○ 쪼개짐: 두 방향
- ○ 깨짐: 조개껍데기 성장선 모양, 불 평탄
- ○ 모스 경도: 7.5
- ○ 조흔색: 백색
- ○ 비중: 3.9~4,8
- ○ 용도: 연마제, 보석, 지질 연대 측정 시료, 내화(耐火) 물질

그림 54. 저어콘 결정

진사(辰砂, Cinnabar)

- 어원: Cinnabar는 '용의 피'를 뜻하는 아랍어 *Zinjafr* 또는 페르시아어 *Zinjifrah*에서 유래. 이 광물에 대한 한국어와 조선어는 진사, 일본어는 辰砂이다. 한편 중국어는 硃砂(주사)이며, '붉은 모래'를 뜻한다. 辰砂는 중국의 진주(辰州: 현재 호남성 부근)에서 나오는 모래에서 붉은 광물이 산출되기 때문에 붙여진 이름일 수도 있고 진(辰) 자가 가진 '용'의 뜻을 반영했을 수도 있다.
- 화학식: HgS
- 색: 적갈색 – 적색
- 결정 모양: 능면체 – 판자 모양, 입자 모양
- 결정계: 삼방정계
- 쪼개짐: 각진 기둥
- 깨짐: 불 평탄, 조개껍데기 성장선 모양
- 모스 경도: 2~2.5
- 조흔색: 붉은 장미색
- 비중: 8.2
- 용도: 수은의 원료, 붉은색 안료, 약재

그림 55. 진사(적자색)

터키석(-石, Turquoise)

- 어원: Turquoise는 '터키석'을 뜻하는 중세 프랑스어 *Turqueise*에서 유래. 이 광물에 대한 한국어는 터키석, 조선어는 녹송석, 일본어는 도루코석(トルコ石), 중국어는 土耳其石(토이기석)이며, 모두 '터키석'을 뜻한다. 한편 중국에서는 绿松石(녹송석)을 사용하기도 하는데 녹송석은 '소나무 잎과 같은 녹색을 띠는 광물'을 뜻한다. 그리고 북한에서는 린동반석을 사용하기도 하는데 린동반석은 인(燐)과 동(銅)을 포함하고 있는 것을 강조하기 위한 이름으로 풀이된다.
- 화학식: $CuAl_6(PO_4)_4(OH)_8 \cdot 5H_2O$
- 색: 청색, 녹색
- 결정 모양: 덩어리 모양
- 결정계: 삼사정계
- 쪼개짐: 한 방향
- 깨짐: 조개껍데기의 성장선 모양
- 모스 경도: 5~6
- 조흔색: 백색
- 비중: 2.6~2.8
- 용도: 장식용 재료, 보석

×0.8

그림 56. 보석 터키석

그림 57. 장식품 속의 터키석

티탄철석(-鐵石, Ilmenite)

- 어원: Ilmenite는 러시아 일멘산맥(Ilmen Mountains) '일멘호(Lake Ilmen)'에서 유래. 이 광물에 대한 한국어는 티탄철석 또는 티탄자철석, 조선어는 티탄자철광, 중국어는 鈦铁矿(태철광)이며, '티탄과 철로 된 광물'을 뜻한다. 한편 일본어는 영어 발음으로 イルメナイト(이루메나이토)이다.
- 화학식: $FeTiO_3$
- 색: 흑갈색
- 결정계: 삼방정계
- 쪼개짐: 없음
- 깨짐: 조개껍데기의 성장선 모양
- 모스 경도: 5~6
- 광택: 금속광택
- 조흔색: 흑색
- 비중: 4.5~5.0
- 자성: 약함
- 용도: 철과 티탄을 합금하면 녹슬지 않고 강해지기 때문에 우주선, 비행기, 기계, 운동 기구 등 아주 다양하게 사용된다.

그림 58. 티탄철석

형석(螢石, Fluorite)

- 어원: Fluorite는 '흐르는'을 뜻하는 라틴어 *fluo*에서 유래. 이 광물에 대한 한국어와 조선어는 형석, 중국어와 일본어는 螢石이다. 형석에 열을 가하면 가열된 미세한 알갱이가 청색 빛을 내며 튕겨 나가는데 그 모양이 마치 반딧불과 같아서 붙인 광물 이름이다.
- 화학식: CaF_2
- 색: 무색, 백색, 자주색, 청색, 황색, 황갈색, 적색
- 결정 모양: 팔면체
- 결정계: 등축정계
- 쪼개짐: 팔면체
- 깨짐: 불 평탄
- 모스 경도: 4
- 조흔색: 백색
- 비중: 3.18
- 용도: 불소를 뽑아내는 원료 광물, 장식용, 광학 렌즈, 제련

×2

그림 59. 형석 결정

홍주석(紅柱石, Andalusite)

- 어원: Andalusite는 처음 광물 이름을 보고한 지역인 스페인의 안달루시아(Andalucia)에서 유래. 이 광물에 대한 한국어와 조선어는 홍주석, 중국어와 일본어는 紅柱石이며, '홍색 기둥 모양의 광물'을 뜻한다.
- 화학식: Al_2SiO_5
- 색: 회색 – 적회색
- 결정 모양: 기둥 모양, 판 모양, 가는 막대 모양
- 결정계: 사방정계
- 쪼개짐: 세 방향
- 깨짐: 불 평탄
- 모스 경도: 7.5
- 조흔색: 백색
- 비중: 3.1~3.2
- 용도: 보석

그림 60. 판 모양과 가는 막대 모양의 홍주석 결정 덩어리

그림 61. 공정석(chiastolite, 홍주석의 변종 광물) 단결정의 단면

활석(滑石, Talc)

- 어원: Talc는 '운모(Mica)'를 뜻하는 아랍어 *talq*에서 유래. 이 광물에 대한 한국어와 조선어는 활석, 중국어와 일본어는 滑石이며, '매끄러운 광물'을 뜻한다.
- 화학식: $Mg_3Si_4O_{10}(OH)_2$
- 색: 백색, 회색, 녹색, 청색, 은색
- 결정 모양: 얇은 잎사귀 모양, 섬유 모양
- 결정계: 단사정계
- 쪼개짐: 한 방향
- 깨짐: 불 평탄
- 모스 경도: 1
- 조흔색: 백색
- 비중: 2.7~2.8
- 기타: 손으로 이 광물을 만지면 마치 마른 비누 만지는 것처럼 매끈매끈한 느낌을 준다.
- 용도: 약재, 화장품, 윤활제

그림 62. 활석

황동석(黃銅石, Chalcopyrite)

- 어원: Chalcopyrite는 '구리'를 뜻하는 그리스어 *khalkos*와 황철석(Pyrite)의 합성어. 이 광물에 대한 한국어는 황동석, 조선어는 황동광, 중국어는 黃銅礦, 일본어는 黃銅鉱이며, 모두 '노란 구리 색을 띤 광석광물'을 뜻한다.
- 화학식: $CuFeS_2$
- 색: 노란 구리 색, 녹슨 구리 색
- 결정 모양: 4면체, 덩어리 모양 등 다양
- 결정계: 정방정계
- 쪼개짐: 한 방향
- 깨짐: 불 평탄
- 모스 경도: 3.5~4
- 조흔색: 녹흑색
- 비중: 4.1~4.3
- 용도: 구리와 철을 뽑아내는 원석

그림 63. 노란 구리 색과 녹슨 구리 색을 띤 황동석

황옥(黃玉, Topaz)

○ 어원: Topaz는 그리스어 *topazos*에서 유래. *topazos*는 '불'을 뜻하는 산스크리트어 *tapas*에서 유래되었다는 설과 홍해에 있는 한 섬의 고대 그리스 이름에서 유래되었다는 설이 있다. 이 광물에 대한 한국어와 조선어는 황옥, 중국어는 黃玉, 일본어는 영어 발음으로 トパーズ(토파－즈)이며, 황옥은 '노란색 보석'을 뜻한다.

○ 화학식: $Al_2SiO_4(F, OH)_2$

○ 색: 투명, 청색, 갈색, 황색, 회색

○ 결정 모양: 끝이 피라미드 모양인 각기둥 모양

○ 결정계: 사방정계

○ 쪼개짐: 한 방향

○ 깨짐: 불 평탄

○ 모스 경도: 8

○ 조흔색: 백색

○ 비중: 3.5~3.6

○ 용도: 보석을 만드는 광물, 연마재

그림 64. 황옥

황철석(黃鐵石, Pyrite)

- 어원: Pyrite는 '불'을 뜻하는 그리스어 *pur*에서 유래. 쇠로 이 광물을 때리면 불꽃을 내기 때문에 붙여진 이름. 이 광물에 대한 한국어는 황철석, 조선어는 황철광, 중국어는 黄铁矿, 일본어는 黄鉄鉱이며, '황색 철로 된 광물'을 뜻한다.
- 화학식: FeS_2
- 색: 연한 황동색, 금색
- 결정 모양: 정육면체, 8면체, 덩어리 모양, 종유석 모양, 방사형
- 결정계: 등축정계
- 쪼개짐: 세 방향
- 깨짐: 불 평탄, 간혹 조개껍데기의 성장선 모양
- 모스 경도: 6~6.5
- 광택: 금속광택
- 조흔색: 흑갈색-흑색
- 비중: 5~5.2
- 용도: 철을 뽑아내는 원석, 장식재료

×2

그림 65. 황철석 단결정(우)과 복결정(좌)

회중석(灰重石, Scheelite)

- 어원: Scheelite는 스웨덴 과학자인 쉬레(Carl Wilhelm Scheele, 1742~1786)의 이름에서 유래. Scheelite의 고대 스웨덴어가 tungsten이었으며, 스칸디나비아어로 *tung*+*sten*은 '무거운+돌'을 뜻한다. 이 광물에 대한 한국어와 조선어는 회중석, 일본어는 灰重石이며, '석회질의 무거운 광물'을 뜻한다. 한편 중국어는 白钨矿(백오광)이며, '백색 텅스텐 광물'을 뜻한다.
- 화학식: $CaWO_4$
- 색: 회백색-황색
- 결정 모양: 팔면체, 기둥 모양, 입자 모양
- 결정계: 정방정계
- 쪼개짐: 두 방향
- 깨짐: 불 평탄, 부스러짐
- 모스 경도: 4.5~5
- 조흔색: 백색, 회색
- 비중: 5.9~6.1
- 용도: 텅스텐(W)을 뽑아내는 원석

그림 66. 회중석

휘석(輝石, Augite Pyroxene)

- 어원: Pyroxene은 '불'을 뜻하는 그리스어 *pyr*와 '이방인(異邦人)' 또는 '이물질(異物質)'을 뜻하는 그리스어 *xenos*의 합성어. 화산 유리질 암석에 가끔 휘석 결정이 발견되는데 이것은 용암이 분출되기 전에 이미 휘석이 결정되어 있었기 때문에 나타나는 현상이다.

  Augite는 '광선 또는 빛'을 뜻하는 그리스어 *auge*에서 유래. 이 광물에 대한 한국어와 조선어는 휘석, 중국어와 일본어는 輝石이며, '빛을 내는 광물'을 뜻한다. 휘석 결정면이 잘 발달되어 있어 빛을 잘 반사하기 때문에 붙여진 광물 이름이다.
- 화학식: $(Ca, Mg, Fe)_2(Si, Al)_2O_6$
- 색: 녹흑색, 흑색
- 결정계: 단사정계
- 쪼개짐: 두 방향
- 깨짐: 불 평탄-패각상
- 모스 경도: 5.5~6
- 조흔색: 녹색, 흰색
- 비중: 3.3~3.5
- 휘석(Pyroxene) 군에 속하는 광물: 오자이트(Augite)와 다이옵사이드(Diopside)를 포함하여 20여 개의 광물
- 용도: 실험용 시료, 비료, 연마제

그림 67. 휘석 결정

휘수연석(輝水鉛石, Molybdenite)

- 어원: Molybdenite는 '납'을 뜻하는 그리스어 *molubdos*에서 유래. 주로 금속 원소 몰리브덴(Mo: Molybdenum)으로 이루어진 광물. 이 광물에 대한 한국어는 휘수연석, 조선어는 휘수연광, 중국어는 辉钼矿, 일본어는 輝水鉛鉱이다. 중국에서는 몰리브덴을 목(钼)이라 한다. 수연(水鉛)이라는 물질은 없으므로 '몰리브덴'을 뜻하는 용어로 바꿀 필요가 있다.
- 화학식: MoS_2
- 색: 흑색, 은회색
- 결정 모양: 얇은 육각 판 모양
- 결정계: 육방정계
- 쪼개짐: 한 방향
- 깨짐: 얇은 조각으로 깨짐
- 모스 경도: 1~1.5
- 광택: 금속광택
- 조흔색: 회색
- 비중: 4.73
- 용도: 조명용 부품과 재료, 열처리 기구, 스테인리스 스틸, 베어링. 니켈 전기 도금, 전지. 섬유. 인산염 비료, 전자관, 반도체전자용 부품, 반도체 가공용 기구

그림 68. 휘수연석

흑연(黑鉛, Graphite)

- 어원: Graphite는 '그리다 또는 글자를 쓰다'를 뜻하는 그리스어 *graphein*에서 유래. 이 광물에 대한 한국어와 조선어는 흑연이라 하고 중국어는 石墨(석묵), 일본어는 영어 발음으로 표기하거나 石墨 또는 黑鉛이라 한다. 석묵(石墨)은 '돌로 된 먹'을 뜻하며, 흑연(黑鉛)은 '검은색 납'을 뜻한다. 이 광물의 성질을 나타내는 과학적인 용어는 석묵이다.
- 화학식: C
- 색: 흑색, 회색
- 결정 모양: 판 모양, 육각의 얇은 판 모양, 알갱이 모양
- 결정계: 육방정계
- 쪼개짐: 한 방향
- 깨짐: 얇은 조각
- 모스 경도: 1
- 조흔색: 회색
- 비중: 2.1~2.3
- 용도: 연필의 재료, 내열재, 윤활제, 감마제, 원자로의 중성자 감속재 및 반사재

그림 69. 흑연

흑요석(黑曜石, Obsidian)

- 어원: Obsidian은 로마시대 프리니우스의 자연사(Pliny's Natural History)에서 '유리질 화산암'에 대하여 옵시디아누스(*Obsidianus*)라고 기재한 데서 유래. 이 광물에 대한 한국어는 흑요석, 중국어와 일본어는 黑曜石이며, '검게 빛나는 광물'을 뜻한다. 한편 조선어는 흑요암이며, '검게 빛나는 암석'을 뜻한다.
- 화학식: 70~75% $SiO_2 + MgO$, Fe_3O_4
- 색: 흑색, 회색, 흑록색, 황색, 핑크색
- 깨짐: 조개껍데기의 성장선 모양
- 모스 경도: 약 5
- 비중: 약 2.6
- 기타: 유리질 화산암
- 용도: 부싯돌, 돌칼, 돌도끼, 화살촉, 준보석, 예술품 재료, 나노미터 스케일의 수술용 칼날

그림 70. 흑요석

흑운모(黑雲母, Biotite)

- 어원: Biotite는 운모에 대한 많은 업적을 남긴 프랑스 과학자 비오트(Jean-Baptiste Biot, 1774~1862)의 이름에서 유래. 이 광물에 대한 한국어와 조선어는 흑운모, 중국어와 일본어는 黑雲母이며, '검은색 운모'를 뜻한다.
- 화학식: $K(Mg, Fe)_3(Si_3Al)O_{10}(F, OH)_2$
- 색: 암갈색, 암녹색
- 결정형: 판상
- 결정계: 단사정계 또는 삼사정계
- 쪼개짐: 한 방향. 얇은 판으로 잘 쪼개짐
- 모스 경도: 2.5~3.0
- 조흔색: 백색
- 비중: 2.8~3.4
- 운모(Mica)에 속하는 광물: 흑운모, 백운모, 금운모 등
- 용도: 전기 제품의 절연체, 한약재, 유리 대용, 벽지, 충전제, 윤활제, 흡착제

그림 71. 흑운모

PART 2 | 암석

〉〉〉 岩石, Rock

○ 어원 : Rock은 '돌'을 뜻하는 통속적 라틴어 *rucca*에서 유래. 이 암석에 대한 한국어와 조선어는 암석, 중국어와 일본어는 岩石이며, '부피가 아주 큰 돌이나 바위'를 뜻한다. 암석은 크게 화성암, 퇴적암, 변성암의 세 가지 종류로 구분한다.

그림 72. 제주도 산방산

1) 화성암(火成岩, Igneous Rock)

○ 어원: Igneous는 '불'을 뜻하는 라틴어 *ignis*에서 유래. 이 암석에 대한 한국어와 조선어는 화성암, 일본어는 火成岩, 중국어는 岩漿岩(암장암)이다. 화성암의 뜻은 '불로 만들어진 암석'을 뜻하며, 岩漿岩은 '마그마로 된 암석'을 뜻한다. 여기서 岩漿은 마그마의 중국어이다.

×0.5

그림 73. 유문암. 화성암 중 산성 화산암의 일종이며, 암석 속에 꽃 모양의 광물 결정이 발달된 모습

감람암(橄欖岩, Peridotite)

○ 어원: Peridotite는 감람석의 변종 광물인 페리토트(peridot)에서 온 암석 이름이며, *peridot*의 어원은 불명확하나 '오팔의 일종'을 뜻하는 앵글로-노르만어 *pedoretés*에서 유래되었거나 '보석'을 뜻하는 아라비아어 *faridat*에서 유래된 것으로 추측하고 있다. 이 암석에 대한 한국어와 조선어는 감람암, 중국어와 일본어는 橄欖岩이며, '감람나무 잎 색을 가진 암석'을 뜻한다.

○ 광물 조성과 크기: 주 구성광물은 감람석, 각섬석, 운모, 휘석이며, 부 구성광물은 석류석, 인회석, 자철석 등이다. 마그마가 지하 깊은 곳(맨틀)에서 서서히 냉각되면서 만들어졌기 때문에 구성광물 결정이 크다.

○ 화학 조성: 맨틀 내에서 이루어졌기 때문에 CaO, MgO, FeO + Fe_2O_3의 함량이 반려암보다 많고 SiO_2 함량은 45% 이하이다.

○ 기타 특징: 가끔 금강석이 발견되기도 하며, 이 암석이 사문암(蛇紋岩, Serpentinite)으로 변질되기도 한다.

○ 용도: 경제적 가치가 아주 많은 암석이다. Cr, Ni, Pt과 같은 중금속을 포함하고 있고 킴벌라이트로 알려진 운모 감람암은 금강석을 가지고 있는 모암이기도 하다.

그림 74. 감람암. 주 구성광물이 연녹색의 감람석 알갱이로 이루어짐

거정화강암(巨晶花崗岩, Pegmatite)

○ 어원: Pegmatite는 '서로 결합되어 있는 것'을 뜻하는 그리스어 *pegma*에서 유래. 이 암석에 대한 한국어는 거정화강암, 일본어는 巨晶花崗岩, 중국어는 偉晶岩(위정암)이며, '큰 결정으로 된 암석'을 뜻한다.

○ 광물 조성과 크기: 주 구성광물은 알칼리 장석, 사장석, 석영, 운모이고 부 구성광물은 각섬석이다. 간혹 우라늄(U)과 같은 방사성 원소를 포함하는 광물, 보석을 만들 수 있는 광물이 나타나기도 한다. 조암 광물의 크기는 평균 2.5cm 이상이다.

○ 화학 조성: Na_2O와 K_2O의 함량이 많고 SiO_2 함량은 65% 이상이다.

○ 색: 백색 – 연회색

○ 기타 특징: 암맥으로 나타난다.

○ 용도: 보석 광물 원석, 거정화강암에 소량 함유된 리튬(Lithium)과 우라늄과 같은 방사성원소의 원료

그림 75. 거정화강암. 굵은 석영과 장석이 문자 모양으로 결합됨

규장암(珪長岩, Felsite)

- 어원: Felsite는 '장석질 암석'을 뜻하는 이탈리아어. 이 암석에 대한 한국어와 조선어는 규장암, 일본어는 珪長岩이며, '장석으로 된 암석'을 뜻한다. 중국어는 霏细岩(비세암)이며, 암석 표면이 마치 '미세한 눈이 내린 모습을 가진 암석'을 뜻한다.
- 광물의 조성과 크기: 주 구성광물은 사장석, 알칼리 장석, 석영이며, 유문암질 마그마가 작은 규모로 관입하여 급히 냉각했을 때 만들어졌으므로 광물 결정이 아주 작아 맨눈으로는 식별하기 어렵다.
- 화학 조성: Na_2O와 K_2O의 함량이 많고 SiO_2 함량은 65% 이상이다.
- 색: 백색－연회색 바탕에 작은 결정의 흑운모가 아주 드물게 나타난다.
- 기타 특징: 암맥으로 나타난다.
- 용도: 토목건축 자재, 석기, 조각품 원료

×2

그림 76. 규장암 표면. 주 구성광물이 장석과 석영으로 이루어짐

마그마(Magma)

○ 어원: Magma는 '반죽'을 뜻하는 그리스어 *magma*에서 유래. 이 암석에 대한 한국어는 영어 발음으로 마그마, 일본어도 영어 발음으로 マグマ(마그마)이며, 중국어는 '돌 반죽'을 뜻하는 岩漿(암장), 조선어는 중국어와 같이 암장이다.

○ 성인과 특징: 마그마는 지하에 고온의 용융상태로 존재하며, 간혹 결정과 가스를 포함하기도 한다. 마그마는 지하에서 서서히 식어서 심성암을 만들고, 지표 가까이 올라온 마그마는 주위의 다른 암석을 관입하는데 이 암석을 관입암 또는 반심성암이라 한다. 그리고 지표로 흘러나온 마그마를 용암이라고 하며,용암이 굳은 암석을 화산암이라 한다.
마그마의 온도는 보통 700°C에서 1,300°C이지만 특별한 경우에 최저 600°C, 최고 1,600°C까지 올라간다. 마그마를 구성하는 물질은 대부분 규산염 물질이지만 부분적으로 탄산염과 같은 다른 조성을 가진 물질도 포함되어 있다.

표 1. 마그마의 종류와 성질*

마그마의 종류	성질	
초염기성 마그마	SiO_2	45% 이하
	Fe-Mg 산화물	8~32%
	온도	1,300~1,600℃
	점성	매우 낮음
	분출 형태	분출형
	분포지	발산형 경계, 열점, 수렴형 경계
현무암질(염기성) 마그마	SiO_2	45~50%
	Fe-Mg 산화물	10% 이하
	온도	1,000~1,300℃
	점성	낮음
	분출 형태	분출형
	분포지	발산형 경계, 열점, 수렴형 경계
안산암질(중성) 마그마	SiO_2	60~70%
	Fe-Mg 산화물	2~3%
	온도	900~1,000℃
	점성	중간
	분출 형태	폭발형
	분포지	수렴형 경계, 호상열도
유문암질(산성) 마그마	SiO_2	70% 이상
	Fe-Mg 산화물	2% 이하
	온도	600~900℃
	점성	높음
	분출 형태	폭발형
	분포지	대륙지각에 있는 열점, 대륙 열곡지대

* http://en.wikipedia.org/wiki/magma 참고

몬조나이트(Monzonite)

○ 어원: Monzonite는 알프스 산맥의 한 지역인 몬조니(Monzoni)에서 유래. 이 암석에 대한 한국어는 영어 발음에 따라 몬조나이트, 일본어는 영어 발음에 암자를 붙여 モンゾニ岩(몬조니암)이다. 한편 조선어는 이장암, 중국어는 二長岩이며, '두 가지 장석, 즉 알칼리 장석과 사장석으로 된 암석'을 뜻한다.

○ 광물 조성과 크기: 주 구성광물은 사장석과 알칼리 장석이며, 부 구성광물은 석영, 각섬석, 흑운모 등이다. 사장석과 알칼리 장석의 굵은 결정과, 석영, 장석, 흑운모, 각섬석 등의 작은 결정이 뒤섞여 있다.

○ 화학 조성: 섬록암과 섬장암 사이의 화학 조성과 광물 조성을 가지고 있다.

○ 용도: 토목건축 자재, 석재, 조각품 원료

그림 77. 몬조나이트

반려암(斑礪岩, Gabbro)

- 어원: Gabbro는 이탈리아 투스카니(Tuscany) 지역에 있는 마을 이름인 Gavorrano에서 유래된 것 또는 '매끄러운(smooth)'을 뜻하는 라틴어 *glaber*에서 유래된 것으로 추측하고 있다. 이 암석에 대한 한국어는 반려암, 일본어는 斑礪岩이며, '얼룩진 무늬를 가진 암석'을 뜻한다. 이것은 어두운 광물과 밝은 광물이 서로 뒤섞여 있는 모습을 표현한 말이다. 한편 조선어는 휘장암, 중국어는 辉长岩(휘장암)이며, '빛나는 장석으로 된 암석'을 뜻한다.
- 광물 조성과 크기: 마그마 분화 초기에 반려암질 마그마가 지하 심부에서 서서히 냉각되면서 결정되었기 때문에 주 구성광물은 사장석과 휘석이고 부 구성광물은 인회석, 석류석, 각섬석, 감람석, 저어콘 등이다. 조암 광물 결정이 맨눈으로 구별할 수 있을 정도로 크다.
- 화학 조성: 마그마 분화 초기에 만들어졌기 때문에 CaO, MgO, FeO + Fe_2O_3의 함량이 중성 - 산성 화성암보다는 많고 SiO_2 함량은 45~55%이다.
- 색: 유색광물이 많아 전체적으로 녹흑색 - 흑색을 띤다.
- 용도: 토목건축 자재, 석재, 조각품 원료

그림 78. 반려암

반화강암(半花崗岩, Aplite)

- 어원: Aplite는 '단순한(simple)'을 뜻하는 그리스어에서 유래. 이 암석에 대한 한국어는 반화강암, 일본어는 半花崗岩이며, '화강암에 가까운 암석'을 뜻한다. 한편 조선어는 세정암, 중국어는 細晶岩(세정암)이며, '작은 결정으로 된 암석'을 뜻한다.
- 광물 조성과 크기: 주 구성광물은 알칼리 장석, 사장석, 석영이고 부 구성광물은 흑운모이다. 화강암질 마그마가 지표 부근에서 비교적 빠른 속도로 냉각되면서 결정되었기 때문에 조암 광물 결정을 맨눈으로 겨우 구별할 수 있다.
- 화학 조성: Na_2O와 K_2O의 함량이 많고 SiO_2 함량은 65% 이상이다.
- 색: 백색 – 연회색 바탕에 작은 결정의 흑운모가 드물게 흑색 점으로 나타난다.
- 용도: 토목건축 자재, 석재, 조각품 원석

그림 79. 반화강암

부석(浮岩, Pumice)

- 어원: Pumice는 '거품'을 뜻하는 라틴어 *spuma*에서 유래. 이 암석에 대한 한국어와 조선어는 부석, 중국어는 浮岩이며, '물에 뜨는 돌'을 뜻한다. 한편 일본어는 軽石(경석)이며, '가벼운 돌'을 뜻한다.
- 광물 조성과 크기: 주 구성광물은 석영과 장석이며, 부 구성광물은 흑운모이다. 산성 용암이 지표의 물과 만나면 심한 거품을 내면서 수증기가 빠져나간다. 이때 빨리 식으면서 굳기 때문에 수많은 구멍이 생기고 유리질 암질을 가진 부석이 만들어진다. 조암 광물을 맨눈으로 구별할 수 없다.
- 화학 조성: 유문암과 같이 Na_2O와 K_2O의 함량이 많고 SiO_2 함량은 65% 이상이다.
- 색: 전체적으로 백색 – 연회색을 띤다.
- 용도: 시멘트 원료, 연마제, 치약 원료

그림 80. 부석

사장암(斜長岩, Anorthosite)

- 어원: Anorthosite는 '바르지 않은, 직각이 아닌'을 뜻하는 그리스어 *anorthose* 에서 유래. Anorthosite의 주 구성광물이 삼사정계(결정축 세 개가 서로 직각으로 교차하지 않는 결정계)의 사장석이기 때문에 붙여진 암석명이다. 이 암석에 대한 한국어는 사장암, 중국어와 일본어는 斜長岩이며, '사장석으로 이루어진 암석'을 뜻한다.
- 광물 조성과 크기: 마그마 분화 초기에 반려암질 마그마가 지하 심부에서 서서히 냉각되면서 결정되었기 때문에 주 구성광물은 대부분 굵은 결정의 사장석으로 이루어져 있고 조암 광물 결정은 맨눈으로 구별할 수 있을 정도로 크다. 월석(月石)에서도 사장암이 발견된다.
- 화학 조성: 마그마 분화 초기에 만들어졌기 때문에 CaO 함량이 아주 많다.
- 색: 전체적으로 사장석의 함량이 많아 밝은 색을 띠지만 어두운 색을 띠는 티탄철석과 같은 금속 광물도 발견된다.
- 용도: 티탄철석의 원료 광물, 보석 광물의 원석, 칼슘과 알루미늄의 원료 광물, 달에서 가져온 사장암은 중요한 연구 재료

그림 81. 사장암

석영안산암(石英安山岩, Dacite)

- 어원: Dacite는 이 암석이 처음 기재된 로마제국의 한 지역 이름인 Dacia로부터 유래. Dacia는 다뉴브 강(Danube River)과 카르파티아 산맥(Carpathian Mountains) 사이에 위치한 지역 이름이다. 이 암석에 대한 한국어는 석영안산암, 조선어는 석영안산암 또는 영안암, 중국어는 英安岩이며, '석영이 많은 안산암'을 뜻한다. 한편 일본에서는 영어 발음으로 デイサイト(데이사이토)라고 한다.
- 광물 조성과 크기: 주 구성광물은 사장석과 석영이며, 부 구성광물은 흑운모, 각섬석, 휘석이다. 중성에서 산성 사이의 조성을 가진 마그마가 지표에 분출하여 빨리 냉각되면서 결정되었기 때문에 조암 광물의 크기는 일반적으로 맨눈으로 구분하기 어려울 만큼 작다.
- 화학 조성: Na_2O와 K_2O의 함량이 안산암과 유문암의 사이 정도이고 SiO_2 함량은 63~69%이다.
- 색: 주로 녹청색-녹회색이다.
- 용도: 토목건축 자재, 석재, 조각품 원석

그림 82. 석영안산암

섬록암(閃綠岩, Diorite)

○ 어원: Diorite는 '구별하다'를 뜻하는 그리스어 *diorizein*에서 유래. 이 암석에 대한 한국어와 조선어는 섬록암, 일본어는 閃綠岩이며, '번쩍이는 녹색 암석'을 뜻한다. 이것은 암녹색 각섬석 결정의 쪼개짐 면에서 빛을 잘 반사시켜 나타나는 현상을 표현한 말이다. 한편 중국어는 閃長岩이며, '번쩍이는 길쭉한 결정을 가진 암석'을 뜻한다.

○ 광물 조성과 크기: 주 구성광물은 사장석, 각섬석, 흑운모, 휘석이고 부 구성광물은 석영, K-장석, 감람석, 인회석, 저어콘, 자철석 등이다. 중성 마그마가 지하 깊은 곳에서 서서히 냉각되면서 결정되었기 때문에 조암 광물을 맨눈으로 쉽게 인식할 수 있을 정도로 크다.

○ 화학 조성: CaO, MgO, $FeO + Fe_2O_3$의 함량이 반려암의 경우보다 적고 SiO_2 함량은 55~65%이다.

○ 색: 녹흑색-흑색 유색광물과 회색 사장석이 서로 섞여 있다.

○ 용도: 토목건축 자재, 석재, 조각품 원석

그림 83. 섬록암

섬장암(閃長岩, Syenite)

○ 어원: Syenite는 이집트의 남부 지역인 시에네(*Syene*: 현재 아스완Aswan이라 함)에서 산출되는 각섬석화강암에 붙여진 암석 명. Aswan은 '무역'을 뜻하는 고대 이집트어 *Swenet*에서 유래. 이 암석에 대한 한국어와 조선어는 섬장암, 중국어는 '정장석이 많은 암석'을 뜻하는 正長岩(정장암), 일본어는 '반짝이는 장석으로 된 암석'을 뜻하는 閃長岩(섬장암)이다.

○ 광물 조성과 크기: 주 구성광물은 알칼리 장석(주로 정장석)이고 소량(10~15%)의 석영, 사장석, 각섬석이 들어 있다. 마그마가 지하 깊은 곳에서 서서히 냉각되면서 결정되었기 때문에 굵은 장석 결정(대부분 정장석 결정)을 맨눈으로 쉽게 볼 수 있다. 이 장석 결정은 보통 연분홍색을 띠며, 쪼개짐 면이 매끈하여 빛을 잘 반사한다.

○ 화학 조성: 몬조나이트보다 K_2O의 함량이 많다.

○ 색: 연분홍색 정장석 결정이 우세하며, 간혹 흑색의 각섬석, 연회색의 투명한 석영, 회백색의 사장석이 발견된다.

○ 용도: 토목건축 자재, 석재, 조각품 원석

그림 84. 섬장암

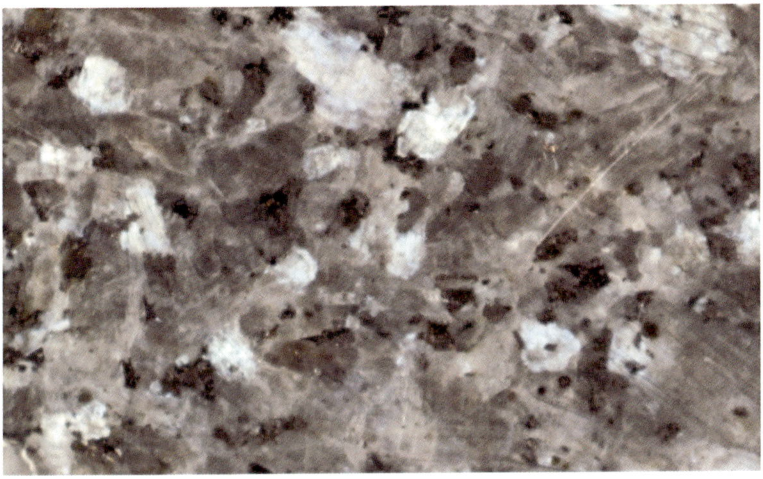

×2

그림 85. 연분홍색 정장석이 우세한 섬장암 연마면

스코리아(Scoria)

- 어원: Scoria는 금속의 '녹'을 뜻하는 그리스어 *skōria*에서 유래. 이 암석에 대한 한국어는 영어 발음으로 스코리아, 조선어는 화산암재 또는 스코리아, 중국어는 '화산 찌꺼기'의 뜻을 가진 火山渣(화산사), 일본어는 영어 발음으로 スコリア(스코리아) 또는 '암석 찌꺼기'를 뜻하는 岩滓(암재)라 한다.
- 암석의 특징과 산출 지역: 암석에 구멍이 잘 발달되어 있는 것이 특징이다. 이것은 용암이 식을 때 수증기와 기체가 빠져나가면서 만들어진 구멍이다. 화구 부근에서 많이 발견된다.
- 광물 조성과 크기: 현무암질 마그마가 지표로 분출하여 결정되었기 때문에 일반적으로 맨눈으로 구분하기 어려울 만큼 작은 광물 알갱이로 이루어져 있다.
- 화학 조성: 현무암과 유사하다. CaO, MgO, $FeO + Fe_2O_3$의 함량이 많고 SiO_2 함량은 52% 이하이다.
- 색: 주로 흑갈색-적갈색이다.
- 용도: 도로 포장재, 석재

그림 86. 스코리아

안산암(安山岩, Andesite)

- 어원: Andesite는 남미의 안데스(Andes)산맥에서 유래. 이 암석에 대한 한국어와 조선어는 안산암, 중국어와 일본어는 安山岩이며, 남미의 안데스산맥(중국어: 安地斯山脉)에서 그 이름을 땄다.
- 광물 조성과 크기: 주 구성광물은 사장석, 각섬석, 휘석이고 이 광물들이 주로 반정으로 나타난다. 부 구성광물은 인회석, 저어콘, 자철석, 흑운모, 석류석 등이고 주로 석기를 이룬다. 중성 마그마가 지표에 분출하거나 지표 부근에 관입하여 빨리 냉각되면서 결정되었기 때문에 조암 광물의 크기는 맨눈으로 구별하기 어려울 정도로 작다.
- 화학 조성: CaO, MgO, FeO + Fe_2O_3의 함량이 현무암의 경우보다 적고 SiO_2 함량은 55~65%이다.
- 색: 녹청색-녹흑색
- 용도: 토목건축 자재, 석재, 조각품 원석

그림 87. 안산암

용암(熔岩, Lava)

○ 어원: Lava는 '떨어지는 또는 사태 또는 재앙'을 뜻하는 라틴어 *labes*에서 유래. 이 암석에 대한 한국어와 조선어는 용암, 중국어는 '용융된 암석'을 뜻하는 熔岩(용암), 일본어는 '질펀하게 흐르는 암석'을 뜻하는 溶岩(용암)이다. 한국에서 사용하는 한자어는 熔岩과 溶岩 중 전자이며, 간혹 같은 뜻을 가진 鎔岩(용암)을 사용하기도 한다. 용암의 성질을 고려한다면 溶岩보다는 熔岩을 사용하는 것이 옳다고 본다.

○ 용암의 정의와 성질: 마그마가 지표 밖으로 분출된 용융 상태의 물질과 굳은 암석을 모두 용암이라 한다. 용암은 물보다 100,000배 이상의 점성을 가지고 있어서 흐르면서 식을 때 주위 조건과 환경에 따라 다양한 모양을 나타낸다. 하와이에서 잘 나타나는 용암의 형태를 살펴보면 다음과 같다.

그림 88. 필리핀의 활화산인 마욘 화산과 용암 및 화산쇄설물

- 아아 용암('A'ā): 'A'ā는 '거친 암석 표면을 가진'을 뜻하는 하와이 말이다. 아아 용암이 완전히 굳어서 암석이 된 후 사람이 그 위를 걸을 때 아주 조심하지 않으면 크게 다칠 수가 있다. 용암이 부스러지기 쉽고 덩어리가 서로 엉성하게 놓여 있어서 아주 불안정할 뿐 아니라 용암 표면이 날카롭거나 뾰족

하기 때문이다.

- 베개 용암(Pillow lava): 용암이 물속으로 분출되면서 굳을 때 덩어리로 나누어지는데 그 모양이 마치 베개처럼 보인다고 하여 붙여진 이름이다.
- 퍼호우에이호우에이 용암(Pāhoehoe): Pāhoehoe는 '부드럽고 나누어지지 않은 용암'을 뜻하는 하와이 말이다. 이 용암의 온도가 보통 1,100~1,200°C여서 암석으로 식을 때까지 오랜 시간 동안 흐를 수 있기 때문에 용암이 단절되지 않고 연속적인 모습으로 나타난다. 이 용암이 열을 잃고 식어서 암석으로 변할 때에는 점성이 높아지면서 아아 용암으로 변하게 된다. 이 용암은 킬라우에아 화산(Kīlauea volcano) 주변에서 잘 나타나며, 완만한 사면을 따라 서서히 이동하기 때문에 단절되지 않은 여러 가지 모양의 용암이 만들어진다.

유문암(流紋岩, Rhyolite)

○ 어원: Rhyolite는 '용암의 흐름(stream of lava)'을 뜻하는 그리스어 *rhyax*에서 온 *rhyo*-에서 유래. 이 암석에 대한 한국어는 유문암, 조선어는 류문암, 중국어와 일본어는 流紋岩이며, '용암이 흐르는 무늬를 가진 암석'을 뜻한다.
○ 광물 조성과 크기: 주 구성광물은 사장석, 각섬석, 휘석이고 부 구성광물은 인회석, 저어콘, 자철석, 흑운모, 석류석 등이다. 산성 마그마가 지표에 분출되어 빨리 냉각되면서 결정되었기 때문에 조암 광물의 크기는 맨눈으로 구별하기 어려울 정도로 작다.
○ 화학 조성: Na_2O와 K_2O의 함량이 염기성-중성 화성암보다 많으며, SiO_2 함량은 65% 이상이다.
○ 색: 회백색-담회색
○ 기타 특징: 유문암질 마그마는 점성이 커서 흐르는 모양이 나타나며, 현미경으로 관찰하면 흐르는 방향으로 광물 결정이 나열되어 나타난다.
○ 용도: 토목건축 자재, 석재, 조각품 원석

×0.5

×0.5

그림 89. 유문암

조립현무암(粗粒玄武岩, Dolerite)

○ 어원: Dolerite는 '속일 만한(deceitful)'을 뜻하는 그리스어 *doleros*에서 유래. Dolerite는 영국과 유럽에서 주로 사용하며, 이 암석을 미국에서는 Diabase(휘록암, 輝綠岩: 녹색 빛을 띠는 암석)라고 한다. 이 암석에 대한 한국어와 조선어는 조립현무암 또는 조현암, 중국어와 일본어는 粗粒玄武岩이며, '굵은 광물 알갱이로 된 현무암'을 뜻한다.

○ 광물 조성과 크기: 주 구성광물은 휘석과 사장석이고 부 구성광물은 석영, 감람석, 황동석, 티탄철석 등이다. 현무암질 마그마가 지표 가까운 곳에서 암맥이나 암주 형태로 결정되었기 때문에 조암 광물은 맨눈으로 겨우 식별할 수 있는 작은 알갱이와 굵은 반정이 함께 나타난다. 휘석, 사장석, 석영, 감람석과 같은 작은 크기의 광물 바탕에 굵은 사장석과 휘석 반정이 잘 발달되어 있는 반상조직을 보인다.

○ 화학 조성: CaO, MgO, FeO + Fe_2O_3의 함량이 많고 SiO_2 함량은 52% 이하이다.

○ 색: 녹흑색 - 흑색 바탕에 사장석의 회색 반정

○ 용도: 토목건축 자재, 석재, 조각품 원석

그림 90. 조립현무암(휘록암)

조면암(粗面岩, Trachyte)

- ○ 어원: Trachyte는 '거친(rough)'을 뜻하는 그리스어 *trakhus*에서 유래. 이 암석에 대한 한국어와 조선어는 조면암, 중국어와 일본어는 粗面岩이며, '거친 표면을 가진 암석'을 뜻한다. 조면암은 일반적으로 표면이 울퉁불퉁하고 곰보와 같은 모습을 보인다.
- ○ 광물 조성과 크기: 주 구성광물은 알칼리 장석과 석영이고 부 구성광물은 휘석, 각섬석, 운모와 같은 유색광물이다. 중성에서 산성의 조성을 가진 마그마가 지표로 분출되거나 지표 부근에 관입되어 결정되었기 때문에 조암광물 결정이 작지만 장석 반정이 잘 발달되어 있는 반상조직을 보인다.
- ○ 화학 조성: Na_2O와 K_2O의 함량이 염기성－중성 화성암보다 약간 많지만 유문암보다는 적고 SiO_2 함량은 63~69%이다.
- ○ 색: 회색－흑회색 바탕에 담회색 장석 반정이 나타난다.
- ○ 기타 특징: 조면암질 마그마는 점성이 커서 흐르는 모양이 나타나며, 용암이 흐르는 방향으로 장석 결정이 나열되어 나타난다.
- ○ 용도: 토목건축 자재, 석재, 조각품 원석

그림 91. 조면암

킴벌라이트(Kimberlite)

○ 어원: Kimberlite는 남아프리카의 킴벌리(Kimberley)에서 유래. 이 암석에 대한 한국어는 영어 발음으로 킴벌라이트이며, 중국어도 영어 발음으로 친바오리앤(慶伯利岩)이다. 한편 조선어는 그 암석학적 특성을 살려 각력운모감람암이며, 일본어도 그 암석학적 특성을 살려 雲母橄欖岩이라 한다.

○ 광물 조성과 크기: 주 구성 광물은 반정으로 산출되는 감람석과 금운모이고, 부 구성 광물은 주로 석기로 산출되는 사문석, 티탄철석, 녹니석, 사문석, 자철석 등이다. 조암 광물은 맨 눈으로 겨우 식별할 수 있는 작은 알갱이와 굵은 반정이 함께 나타나는 반상조직을 띠며, 반정으로 감람석과 사장석이 우세하게 나타난다.

○ 화학 조성: CaO, MgO, FeO+Fe_2O_3의 함량이 반려암 보다 많고 SiO_2 함량은 45% 이하이다.

○ 기타 특징: 금강석이 산출되는 모암(母岩)이며, 이 암석이 사문암(蛇紋岩, Serpentinite) 으로 변질되기도 한다.

○ 용도: 금강석의 모암

그림 92. 킴벌라이트와 금강석 결정

포획암(捕獲岩, Xenolith)

○ 어원: Xenolith는 '낯선 또는 손님'을 뜻하는 그리스어 *Xenos*와 '암석'을 뜻하는 그리스어 *lith*의 합성어. 이 암석에 대한 한국어는 포획암, 조선어는 포로암, 중국어는 捕虜岩(포로암), 일본어는 捕獲岩(포획암)이다. 포로암이나 포획암은 모두 '잡은 암석'을 뜻한다.

○ 정의와 성인: 포획암은 일반적으로 화성암 속에 들어 있는 외부에서 온 암석 덩어리나 결정(xenocryst)을 말하며, 마그마 속으로 주위의 암석 덩어리가 떨어져 들어왔을 때 만들어진다. 외부에서 온 결정(xenocryst)의 예를 들면 염기성 화성암 중의 석영 결정과 감람암 결정 덩어리이다.

×2.5

그림 93. 현무암 속에 포획된 감람암 결정 덩어리

현무암(玄武岩, Basalt)

○ 어원: Basalt는 라틴어 *basaltes* 에서 왔으며, *basaltes* 는 '매우 단단한 돌'을 뜻하는 그리스어 *basanitēs*에서 유래. *basaltes* 는 *basanitēs* 의 한 종류로 금이나 은의 순도를 감정하는 시금석(試金石, touchstone) basanos (요르단 동부의 지명) 에서 유래된 이름이다. 일명 '에티오피아의 검은 대리석'이라고도 한다. 이 암석에 대한 한국어와 조선어는 현무암, 중국어와 일본어는 玄武岩이며, '검고 무기처럼 강한 암석 또는 '검은 거북등 같은 암석'을 뜻한다. 한편 일본어의 玄武岩은 일본 효고현(兵庫県)의 겐부(玄武)동굴 <주상절리가 잘 발달된 현무암으로 구성됨>의 이름을 딴 것이다.

○ 산출 지역과 종류: 해령, 열점, 월석(月石), 화산 지대에서 발견되며, 생성 장소와 화학 성분에 따라 솔레아이이트현무암(Tholeiitic basalt), 고산화알루미늄현무암(High alumina basalt), 알카리현무암(Alkali basalt), 보니나이트(Boninite; 고마그네슘현무암<high-magnesium form of basalt>)로 구분한다.

○ 광물 조성과 크기: 주 구성 광물은 휘석과 사장석이지만 감람석이 포함되는 경우도 있다. 부 구성 광물은 석영, 감람석, 황동석, 티탄철석 등이다. 현무암질 용암이 지표로 분출하여 화산과 용암 대지를 이루면서 빠른 속도로 냉각되어 결정되었기 때문에 일반적으로 맨 눈으로 구분하기 어려울 만큼 작은 광물 알갱이로 이루어져 있다. 한편 용암 속에서 서서히 냉각된 현무암이나 암맥으로 관입한 현무암에서 휘석과 사장석 또는 감람석 결정을 맨 눈으로 관찰할 수도 있다.

그림 94. 현무암과 그 속에 발달된 행인상 구조

○ 화학 조성: Cao, MgO, $FeO+Fe_2O_3$의 함량이 많고 SiO_2 함량은 52% 이하이다.

○ 암석의 색: 주로 흑갈색－흑색이다. 간혹 사장석의 회색 반정이나 연록색 감람석 반정이 나타나는 경우도 있다.

○ 용도 : 건축 자재, 석재, 조각품 원석

그림 95. 제주도 지삿개의 주상절리

화강암(花崗岩, Granite)

- 어원: Granite는 '알갱이'를 뜻하는 라틴어 *granum*에서 유래. 이 암석에 대한 한국어와 조선어는 화강암, 중국어와 일본어는 花崗岩이며, '꽃무늬를 가진 강한 암석'을 뜻한다.
- 광물 조성과 크기: 주 구성광물은 알칼리 장석, 사장석, 석영, 운모이고 부구성광물은 각섬석, 저어콘, 인회석, 자철석 등이다. 화강암질 마그마가 지하 깊은 곳에 저반과 병반의 형태로 관입되어 냉각 속도가 느린 상태에서 결정되었기 때문에 광물 결정의 크기가 맨눈으로 구별할 수 있을 정도로 크다.
- 화학 조성: Na_2O와 K_2O의 함량이 많고 SiO_2 함량은 65% 이상이다.
- 색: 백색-연회색-연분홍색 바탕에 흑운모가 흑색 점으로 나타난다.
- 용도: 색이 밝고 무늬가 아름다우며 강하기 때문에 토목건축 자재, 석재, 조각품 원석으로 많이 이용된다.

그림 96. 흑운모 화강암

2) 퇴적암(堆積岩, Sedimentary Rock)

○ 어원: Sediment는 '바닥에 내려앉은'을 뜻하는 라틴어 *sedere*에서 유래. 이 암석에 대한 한국어와 조선어는 퇴적암, 중국어와 일본어는 堆積岩이며, '많이 겹쳐 쌓인 암석'을 뜻한다.

○ 성인: 퇴적암은 퇴적물이 다져짐 작용, 시멘트화 작용, 결정작용을 받아 굳어진 암석이다. 이 암석 속에는 퇴적 환경에 따라 퇴적물 알갱이의 크기와 모양, 퇴적구조, 지층의 두께, 색깔, 성분이 달라지고 가끔 화석도 포함되어 있어 지구의 역사를 해석하는 데 중요한 단서로 사용된다.

그림 97. 제주도 수월봉에 발달된 응회암 퇴적층

각력암(角礫岩, Breccia)

○ 어원: Breccia는 '잡석, 부서진 돌'을 뜻하는 이탈리아어이다. 이 암석에 대한 한국어와 조선어는 각력암, 일본어와 중국어는 角礫岩이며, '각이 진 자갈로 이루어진 돌'을 뜻한다. 자갈은 퇴적물의 크기를 나타내는 용어로 중간 직경이 4mm 이상인 퇴적물이다.

○ 퇴적 과정과 특성: 각력암은 가파른 산사면의 선상지에 퇴적되거나 이류(泥流, debris flow) 또는 해저의 대륙사면을 흘러내리는 저탁류(底濁流, turbidity current)에 의하여 오랜 운반 기간을 거치지 않고 바로 퇴적된 후 암석화된 퇴적암이다. 이 암석을 이루는 퇴적물은 각이 진 자갈이 우세하고 그 사이에 모래, 실트, 점토와 같은 작은 퇴적물이 들어가 있어 분급(分級, sorting)이 아주 불량하고 원마도(圓磨度, roundness)가 아주 낮다.

○ 용도: 토목건축 자재

그림 98. 각력암. 지질자원연구원 제공

규조토(珪藻土, Diatomite)

○ 어원: Diatomite는 단세포생물인 '珪藻類(규조류, Diatom)로 된 흙'을 뜻하는 영어 용어이다. 이 흙에 대한 한국어와 조선어는 규조토, 중국어는 矽藻土(규조토), 일본어는 珪藻土(규조토)이며, 그 뜻은 같다.

○ 퇴적 과정과 특징: 규조토는 호수나 해양 퇴적물 속에 살던 규조가 죽은 후 바닥에 퇴적된 퇴적암이다. 규조토는 보통 80~90%의 SiO_2, 2~4%의 Al_2O_3, 2%의 산화철로 이루어져 있다. 규조토에 가장 많이 들어 있는 규조의 화학식은 $SiO_2 \cdot nH_2O$이며, 그 크기는 1㎛~1㎜의 범위에 걸쳐 있으나 보통 10~200㎛의 범위에 있다.

○ 용도: 화약, 탈지제, 흡착제, 여과제, 단열재, 시멘트 혼합물, 연마재

그림 99. 규조토(암)

백악(白堊, Chalk)

- 어원: Chalk는 '석회'를 뜻하는 라틴어 *Calx*에서 유래. 이 암석에 대한 한국어는 백악이고 중국어와 일본어는 白堊이며, '새하얀 흙'을 뜻한다.
- 산출지와 특성: 백악기 지층에서 잘 발견되며, 이 속에서 구형의 작은 조류(藻類)인 코코리스 화석이 많이 발견된다. 이 지층은 비교적 깊은 바다 속에서 코코리스와 점토가 퇴적암으로 된 것이며, 부드럽고 희며 구멍이 많은 퇴적암이다.
- 용도: 칠판용 분필, 도로 표시용 재료, 토양 중화제, 양복 제단용 분필, 운동장 경계 표시용 가루, 치약 재료

그림 100. 백악

백운암(白雲岩, Dolostone)

- 어원: Dolostone은 백운석(Dolomite)이 우세한 석회암에 대하여 붙여진 용어인데 미국지질연구소에서는 이 암석 명을 권장하지 않고 있다. 18세기 후반에 처음 마그네슘이 많은 석회암에 대하여 Dolomite라고 했기 때문에 Dolostone 용어 사용을 피하는 경향이 있다. 이 암석에 대하여 한국어는 백운암, 조선어는 고회암, 중국어는 白云質灰岩(백운질회암), 일본어는 '거친 석회암'을 뜻하는 苦灰岩(고회암)이다.
- 특성: 석회암은 주로 $CaCO_3$ 성분으로 이루어져 있어 묽은 산과 격렬히 반응하면서 CO_2를 방출하지만 백운암은 석회암에 비하여 마그네슘 성분이 많아($CaMg(CO_3)_2$) 약한 산에 아주 미약하게 반응한다.
- 용도: 마그네슘을 뽑아내는 광물, 비료, 제약 물질, 마그네슘의 원료, 장식용 석재, 시멘트 원료

그림 101. 백운암

빙퇴석(氷堆石, Moraine)

○ 어원: Moraine은 프랑스어에서 왔으며, 알프스에서 밭을 경작하던 농부가 '빙하 퇴적물 더미'에 대하여 붙인 이름이다. 이 퇴적물에 대한 한국어와 조선어는 빙퇴석, 중국어는 '얼음에 의하여 모래와 자갈이 쌓여 이루어진 얕은 벌판'을 뜻하는 冰碛(빙적), 일본어는 영어 발음으로 モレーン(모레－ㄴ, 堆石: 돌더미)이다.

○ 퇴적 과정과 특성: 빙하 지역에서 빙하가 녹으면 빙하가 운반하던 퇴적물이 쌓이는데 이 퇴적물을 빙퇴석이라 한다. 빙퇴석은 실트 크기에서 큰 바위덩어리까지 다양한 크기의 퇴적물로 되어 있으며, 원마도와 분급이 퇴적물 중에서 가장 나쁘다.

그림 102. 빙퇴석

어란석(魚卵石, Oolite)

○ 어원: Oolite는 '알'을 뜻하는 그리스어 *oon*에서 유래. 이 암석에 대한 한국어와 조선어는 어란석, 중국어와 일본어는 魚卵石이며, '물고기 알 무늬 암석'을 뜻한다.

○ 퇴적 환경과 조성: 물의 순환이 잘 이루어지는 얕은 바다이면서 탄산칼슘 성분이 과포화된 환경에서 잘 만들어진다. 이러한 환경에 있는 작은 모래는 물의 순환에 따라 잘 구르면서 그 주위에 탄산칼슘 성분이 달라붙는다. 이러한 작용이 오랜 기간 동안 계속되면 2~3mm 크기의 작은 ooid가 만들어진다. 이 ooid의 단면을 현미경에서 관찰하면 여러 겹의 동심원 탄산칼슘 막(또는 얇은 층)이 발견된다.

○ 용도: 암석 표본, 연구용 표본

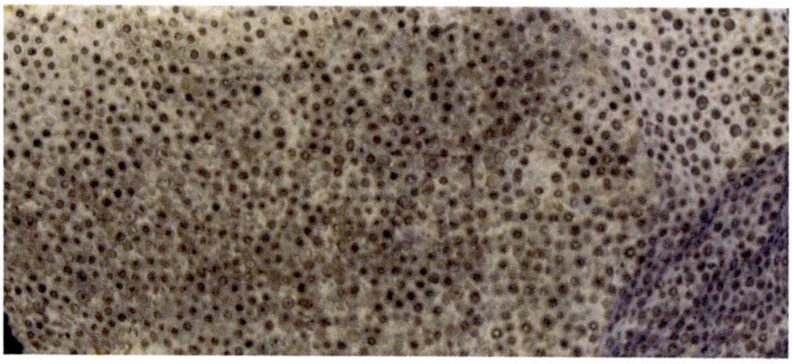

×2

그림 103. 어란석

×2

그림 104. 어란석

사암(砂岩, Sandstone)

- 어원: 모든 나라에서 '모래로 된 암석'을 뜻하는 암석 이름으로 사용한다. 한국어와 조선어는 사암, 중국어와 일본어는 砂岩이다. 모래는 퇴적물의 크기를 나타내는 용어로 중간 직경이 1/16~2mm에 해당하는 퇴적물이다.
- 퇴적 환경과 특징: 모래는 하천, 선상지, 사주, 사막, 해변, 사취에 주로 퇴적되며, 이 모래가 암석화된 퇴적암이다. 일반적으로 사막과 해변에 퇴적된 모래는 주로 석영 알갱이가 많고 분급과 원마도가 아주 양호하다.
- 분류: 사암은 특성에 따라 석영사암, 장석사암(또는 알코스사암), 암편사암, 잡사암으로 구분한다.
- 용도: 토목건축 자재, 조각품 원석, 암석 표본

그림 105. 사암

석탄(石炭, Coal)

○ 어원: Coal의 어원은 불분명하나 '열'을 뜻하는 라틴어 *calor*에서 유래된 것으로 추측된다. 이 암석에 대한 한국어와 조선어는 석탄, 일본어는 石炭이며, '돌 숯'을 뜻한다. 한편 중국에서는 같은 뜻으로 煤(매)라고 한다.

○ 탄화 단계 및 종류: 식물성 유기물이 땅에 묻혀서 탄화된 퇴적암으로 탄화 정도에 따라 토탄(土炭, Peat), 갈탄(褐炭, Lignite), 역청탄(瀝青炭, Bituminous coal), 무연탄(無煙炭, Anthracite)으로 구분할 수 있다.

- 토탄(土炭, Peat): 조선어는 니탄, 중국어와 일본어는 泥炭(이탄)이다. 토탄은 식물이 퇴적되어 만들어지기 때문에 부분적으로 부패한 식물이 포함되어 있다.
- 갈탄(褐炭, Lignite): 조선어는 갈탄, 중국어는 褐煤(갈매), 일본어는 褐炭이다. 갈탄은 갈색 석탄의 뜻을 가지며, 탄소의 함량은 약 25~35%이다. 비록 석탄의 종류 중에서 탄소의 함량이 낮은 편이지만 전력을 생산하는 데 갈탄을 사용한다. 예를 들면 그리스 전력의 50% 이상, 독일 전력의 11% 이상을 갈탄 발전으로 생산하고 있다.
- 역청탄(瀝青炭, Bituminous coal): 조선어는 력청탄, 중국어는 烟煤(연매), 일본어는 瀝青炭이다. 천연의 아스팔트나 그 밖의 탄화수소를 가진 물질을 가열・가공했을 때 생기는 흑갈색 또는 갈색의 타르 같은 물질을 말한다. 역청탄은 탄소의 함량이 60~80%이며, 휘발 성분은 약 14%를 가지고 있다.
- 무연탄(無煙炭, Anthracite): 중국어는 無烟煤(무연매), 일본어는 無煙炭이다. 석탄 중에서 가장 변성도가 높으며, 탄소의 함량은 92 ~ 98%이다. 쉽게 불이 붙지 않으며, 불이 붙으면 연기 없이 파란 불꽃을 내며 탄다.

○ 용도: 연료, 제철용 코크스 재료

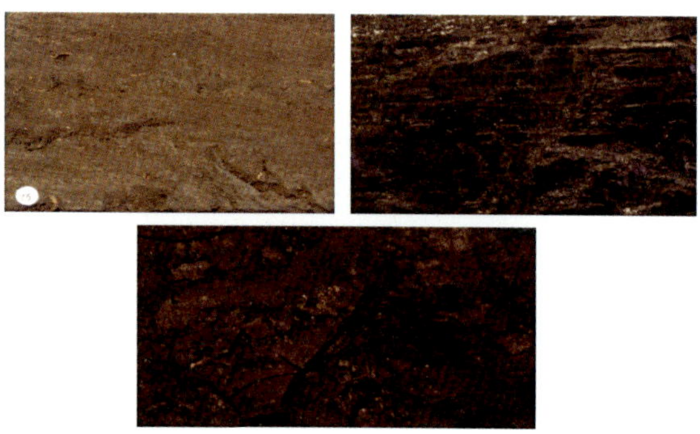

그림 106. 토탄(상 좌), 역청탄(상 우), 갈탄(하)

석회암(石灰岩, Limestone)

- 어원: Limestone은 '석회질로 된 암석'을 뜻하는 영어이다. 이 암석에 대한 한국어와 조선어는 석회암, 중국어와 일본어는 石灰岩이다.
- 퇴적 기원: 석회암은 대부분 생물 기원과 생화학적 기원이지만 증발암과 같이 무기적 기원인 경우도 있다.
- 퇴적 환경: 석회질 생물이 많이 번성하는 얕은 바다에서 주로 퇴적되며, 간혹 석호와 같은 호수에서 증발암으로 퇴적되기도 한다. 보통 3,000m 이상의 심해저에서는 석회질 물질이 발견되지 않는다. 그 까닭은 심해저에는 수온이 낮아 CO_2 가스가 물속에 녹아서 약한 산성이 되어 석회질 물질을 녹이기 때문이다.
- 조성과 특징: 석회암을 이루는 주요 광물은 방해석이며, 석영과 같은 다른 광물 또는 암석 조각이 섞여 있는 경우도 있다. 생물과 생화학적 기원의 석회암에는 조개껍데기, 해백합, 산호, 스트로마톨라이트와 같은 무척추동물 화석이 흔히 발견된다.
- 석회암의 분류: 석회암은 구성 물질의 종류와 조직에 따라 다음과 같이 여러 가지 종류로 분류할 수 있다.
- 지형: 석회암 지역에는 돌리네와 우발라가 많은 카르스트 지형이 발달되어 있으며, 지하에는 석회동이 만들어져 있다.
- 용도: 시멘트, 제철용 용재, 건축재(예: 피라미드Pyramid)

그림 107. 석회암

셰일(Shale)

○ 어원: Shale은 '조개껍데기(shell)'를 뜻하는 독일어 *Schale*에서 유래. 이 암석에 대한 한국어는 영어 발음에 따라 셰일이며, 조선어는 혈암이다. 일본어와 중국어는 頁岩(엽암)이며, '책의 면(쪽)과 같이 여러 면이 겹쳐 있는 암석'을 뜻한다. 頁岩은 책의 면과 같이 얇은 층이 여러 겹으로 나타나는 특성을 표현한 이름이다. 셰일을 이루는 퇴적물은 주로 진흙(점토, 粘土, clay)이며, 점토는 1/256mm 이하의 퇴적물이다. 이 암석에 대하여 조선어와 일부 인터넷 사이트, 사전, 전문 서적에서 '혈암'이라고 표기하고 있는데 이는 매우 잘못된 암석 명이다. 頁은 '머리 혈' 또는 '책장 엽'으로 사용되는데 셰일의 층상 퇴적 구조와 판으로 잘 갈라지는 성질을 감안하면 혈암 대신 엽암으로 써야 한다.

○ 셰일의 퇴적 과정: 호수, 저수지, 늪지, 유속이 느리거나 거의 정지 상태에 있는 하천, 석호, 조간대, 해저에서 퇴적된 진흙(점토)이 암석화된 퇴적암이다.

○ 용도: 토목건축 자재

그림 108. 엽층리가 잘 발달된 셰일과 성층면 위에 보존된 식물 잎 화석

실트암(-岩, Siltstone)

○ 어원: Siltstone은 silt(중간 직경 1/16~1/256mm)로 이루어진 퇴적암을 뜻한다. 이 암석에 대한 한국어는 영어 발음에 따라 실트스톤 또는 실트암이며, 일본어도 영어 발음으로 シルト岩(시루토암)이라 한다. 한편 중국어는 '미세한 모래로 된 암석'을 뜻하는 분사암(粉砂岩)이며, 조선어도 같은 뜻으로 분사암이다.

○ 퇴적 과정: 하천, 호수, 해변에서 퇴적된 실트와 황사로 운반된 실트가 암석화된 퇴적암이다.

○ 용도: 토목건축 자재, 벼루

그림 109. 실트암

역암(礫岩, Conglomerate)

○ 어원: Conglomerate는 '서로 구르고, 쌓고, 눌린'을 뜻하는 라틴어 *conglomeratus*에서 유래. 이 암석에 대한 한국어는 역암, 조선어는 력암, 중국어와 일본어는 礫岩이며, 모두 '자갈로 이루어진 암석'을 뜻한다. 자갈은 비교적 원마도가 양호하며, 중간 직경이 4mm 이상인 퇴적물이다.

○ 퇴적 과정: 하천, 호수, 해변, 선상지에서 퇴적된 자갈이 모래, 진흙과 뒤섞여 퇴적된 후 암석화된 퇴적암이다.

○ 용도: 토목건축 자재

그림 110. 역암

응회암(凝灰岩, Tuff)

○ 어원: Tuff는 '구멍이 많은 암석: 화산 분출물로 된 암석'을 뜻하는 라틴어 *tofus*에서 유래. 이 암석에 대한 한국어와 조선어는 응회암, 일본어와 중국어는 凝灰岩이며, '재(화산재)가 굳어서 된 암석'을 뜻한다. 화산재는 일반적으로 2mm 이하의 직경을 가진 화산 분출물이다.

○ 퇴적 과정 및 특징: 화산재가 쌓여서 암석화 작용을 받은 퇴적암. 화산에서 분출된 후 운반작용을 충분히 받지 못하고 바로 퇴적되었기 때문에 퇴적물의 원마도와 분급도가 아주 불량하다.

○ 용도: 건물 벽 재료, 토목건축 재료, 시멘트 원료

그림 111. 응회암

이암(泥岩, Mudstone)

○ 어원: Mud는 '진흙'을 뜻하는 초기 게르만어 *mud*-에서 유래되었으며, mudstone, mudfish, mudflow, mudguard, mudlark, mudpack 등 다른 단어와 합성어로 많이 쓰인다. 이 암석에 대한 한국어는 이암, 중국어와 일본어는 泥岩이며, '진흙으로 된 암석'을 뜻한다.

○ 퇴적 과정과 환경: 풍화, 침식, 운반을 받아 퇴적된 진흙(또는 미사와 점토)이 암석화된 퇴적암이다. 일반적으로 진흙은 호수와 깊은 바다와 같이 유속이 아주 느리거나 거의 없는 환경에서 퇴적된다.

○ 용도: 도자기 원료, 건축 자재, 아이티(Haiti)에서 곡식과 섞은 음식물, 토양

그림 112. 이암

잡사암(雜砂岩, Greywacke or Wacke)

○ 어원: Greywacke는 '회색 암석'을 뜻하는 독일어 *Grauwacke*에서 유래. 이 암석에 대한 한국어와 조선어는 잡사암, 중국어는 雜砂岩이며, '여러 종류의 모래로 된 암석'을 뜻한다. 한편 일본어는 '단단한 사암'을 뜻하는 경사암(硬砂岩)이다.

○ 퇴적 과정: 풍화와 침식 작용을 받은 후 짧은 운반 과정을 거쳐 퇴적된 진흙과 모래가 뒤섞여 암석화된 퇴적암이다.

○ 용도: 토목건축 자재, 도로 포장용 자갈

그림 113. 잡사암

저탁암(底濁岩, Turbidite)

○ 어원: Turbidite는 '휘저어 놓다'를 뜻하는 라틴어 *turbare*에서 유래. 이 암석에 대한 한국어는 저탁암이며, '밑바닥을 흐르던 흙탕물이 퇴적된 암석'을 뜻한다. 조선어는 혼탁암 또는 혼탁층, 중국어는 浊流岩(탁류암)이며, '흙탕물이 퇴적된 암석'을 뜻한다. 한편 일본어는 영어 발음으로 タービダイト(다-비다이토)라고 표기한다.

○ 퇴적 과정과 특징: 대륙붕 끝에서 대륙 사면 상부에 있는 퇴적물이 지각 변동으로 흔들리면 물과 섞어 밀도가 흙탕물, 즉 저탁류(중국과 일본에서는 혼탁류混濁流라고 함)가 만들어진다. 이 저탁류는 대륙 사면을 따라 흐르다가 대륙대 부근에서 유속이 약해지거나 정지된다. 이때 퇴적된 지층을 저탁암이라고 하며, 점이층리가 잘 발달되어 있다.

○ 용도: 금광상, 탄화수소 가스 발굴 지층

점토암(粘土岩, Claystone)

○ 어원: Clay는 고대 영어 *clæg*에서 유래되었고 *clæg*는 '끈끈한 또는 끈적끈적한'을 뜻하는 라틴어 *glus*에서 유래되었다. Claystone은 '끈적이는 흙으로 된 암석'을 뜻한다. 이 암석에 대한 한국어, 조선어, 일본어, 중국어는 모두 점토암(粘土岩)이며, '끈적이는 흙으로 된 암석'을 뜻한다.

○ 퇴적 과정과 환경: 풍화, 침식, 운반을 받아 퇴적된 점토(직경 1/256mm 이하)가 암석화된 퇴적암이다. 일반적으로 점토는 호수와 깊은 바다와 같이 유속이 아주 느리거나 거의 없는 환경에서 퇴적된다.

○ 용도: 점토 광물 재료, 도자기 원료

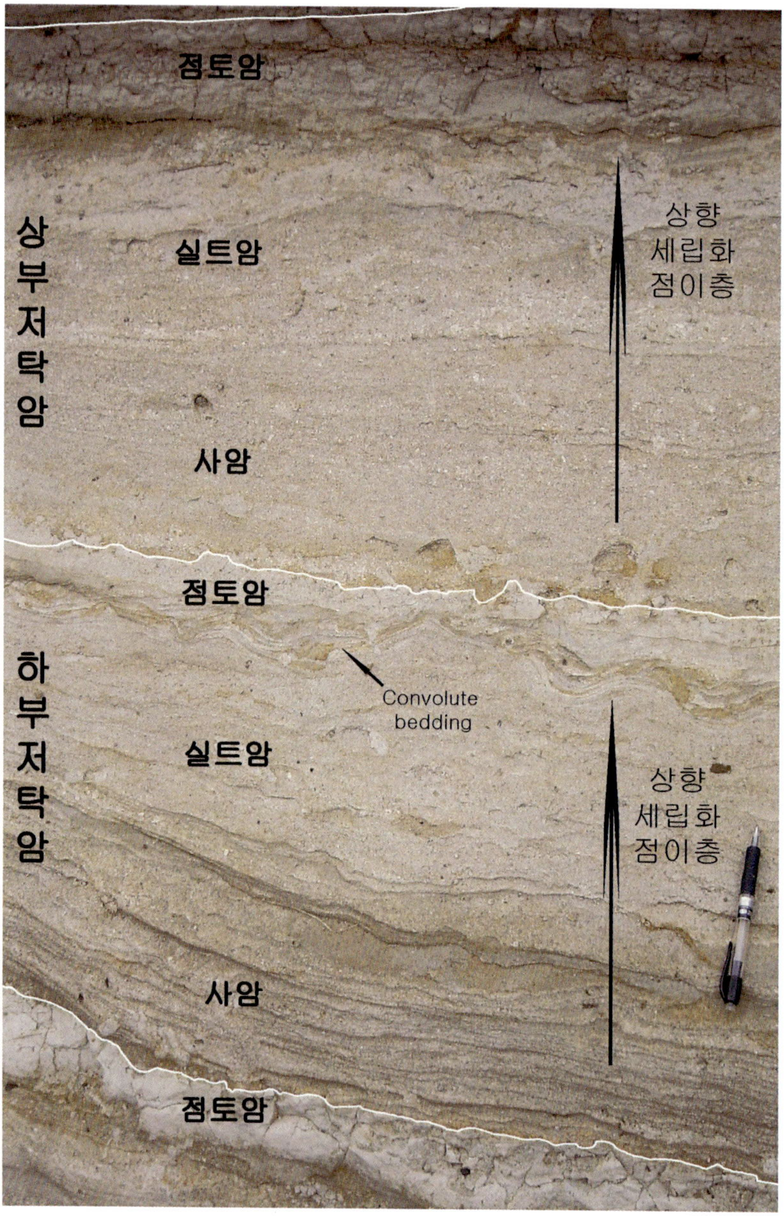

그림 114. 인도네시아 족자카르타에 발달된 저탁암. 하부와 상부 두 개의 저탁암 지층이 보이며, 하부 지층의 윗부분에서 convolut bedding이 관찰된다. 이 저탁암은 상향 세립화하는 점이층이 잘 발달되어 있으며, 각 지층의 상부에서 점토암이 관찰된다.

증발암(蒸発岩, Evaporite)

- 어원: Evaporite는 물이 증발하고 남은 퇴적물이 굳은 암석에 대한 영어 용어이다. 이 암석에 대한 한국어와 조선어는 증발암, 중국어와 일본어는 蒸発岩이다.
- 퇴적 환경: 호수나 석호와 같이 물의 교환이 원활하지 않은 곳이면서 건조한 기후 환경에서 물의 증발이 잘 일어나고 물속에 녹아 있는 물질이 침전하게 된다.
- 종류: 방해석($CaCO_3$), 돌로마이트($CaMg(CO_3)_2$), 석고($CaSO_4 \cdot 2H_2O$), 경석고($CaSO_4$), 암염($NaCl$), 초석(KNO_3, $NaNO_3$)
- 용도: 방해석, 돌로마이트, 석고, 경석고, 암염의 용도는 광물에서 이미 설명하였다. 초석은 비료, 폭발물의 원료로 사용된다.

그림 115. 증발암에서 발견되는 석고 결정(일명 사막의 장미)

처트(Chert)

○ 어원: Chert의 어원은 불분명하다. 이 암석에 대한 한국어는 영어 발음으로 처트, 조선어는 규질암, 중국어와 일본어는 '부싯돌'을 뜻하는 수석(燧石)이다.

○ 조성과 성인: 이 암석은 미세한 결정질이며, 거의 대부분 SiO_2의 화학 조성을 가진다. 이 암석의 성인은 유기적 성인과 무기적 성인으로 구분해 볼 수 있다. 유기적 성인은 규조와 방산충 및 점토 물질이 함께 퇴적되어 만들어지는 경우이다. 그리고 무기적 성인은 퇴적 당시 SiO_2가 침전되는 경우도 있고 퇴적 후 2차적으로 SiO_2가 교대되어 단단한 덩어리 모양으로 굳어지는 경우도 있다. 처트는 온도와 압력 조건에 따라 다양한 종류로 변화한다. 즉 프린트(Flint), 자스퍼(Jasper), 마노(Agate) 등이다.

○ 용도: 처트는 치밀하고 단단하기 때문에 석기시대부터 부싯돌이나 화살촉 또는 돌도끼 등으로 이용되었다.

그림 116. 처트

집괴암(集塊岩, Agglomerate)

- 어원: Agglomerate는 '덩어리로 된'을 뜻하는 라틴어 *agglomerare*에서 유래. 이 암석에 대한 한국어와 조선어는 집괴암, 중국어와 일본어는 集塊岩이며, '큰 돌덩어리가 뭉친 암석'을 뜻한다.
- 퇴적 과정과 명칭: 화산 분출물 중에서 크고 각이 진 덩어리들이 쌓여서 암석화 작용을 받은 퇴적암이다. 최근에는 이 암석 이름 대신 화산 각력암(volcanic breccia)을 사용하는 학자가 더 많다.
- 용도: 토목건축 자재

그림 117. 집괴암

패각석회암(貝殼石灰岩, Coquina)

○ 어원: Coquina는 '요리하는'을 뜻하는 라틴어 *coquus*에서 유래된 것으로 추측한다. 이 암석에 대한 한국어는 패각암 또는 패각석회암, 조선어는 조가비석회암, 중국어와 일본어는 貝殼岩(패각암)이며, '조개류의 껍질로 된 암석'을 뜻한다.

○ 조성: 조개류, 산호류, 복족류, 완족동물 등의 화석과 그 파편으로 만들어진 탄산염암이다.

○ 용도: 연구 및 전시용 표본

그림 118. 패각석회암

호박(琥珀, Amber)

○ 어원: Amber는 '기름진'의 뜻을 가진 아랍어 *anbargris* 또는 *ambergris*에서 유래되었으며, 더 나아가서는 중세 라틴어 *ambra* 또는 *ambar*에서 왔다. 이 화석에 대한 한국어와 조선어는 호박, 일본어와 중국어는 琥珀이다.

○ 성인: 송진이 굳어서 무기적인 성질을 가진 화석으로 변한 것이며, 곤충이 포함되어 있는 경우도 있다. 준광물로 취급하고 있다.

○ 용도: 장식품, 건축 내부 자재, 준보석

그림 119. 작은 곤충을 포함한 호박. 지질자원연구원 제공

호상철광층(縞状鉄鉱層, Banded Iron Formation)

○ 어원: Banded Iron Formation은 '띠 모양의 철광층'을 뜻하는 지층 이름이다. 이 암석에 대한 한국어는 호상철광층, 조선어는 호상철광상 또는 줄무늬철광상, 중국어는 带纹铁矿床, 일본어는 縞状鉄鉱床이며, '띠 모양의 철광층'을 뜻한다.

○ 성인: 호상철광층은 약 20억 년 전의 해성층에서 주로 발견되는데 당시 해수 속에 살던 시아노박테리아(cyanobacteria)의 광합성에 의하여 만들어진 퇴적층이다. 이 퇴적층이 만들어지는 과정은 다음과 같다.
시생대의 바닷물 속에는 철 성분이 많이 녹아 있거나 포함되어 있었는데 35억 년 전에 출현한 시아노박테리아가 광합성을 하면서 탄산가스를 흡수하고 산소를 배출하기 시작하였다. 그 후 시아노박테리아가 번성하면서 바닷물 속에 산소의 양이 증가하고 산화철의 침전을 가속화하였다. 그리고 철 성분이 많은 퇴적층과 규질 성분이 많은 퇴적층이 번갈아 퇴적되면서 가는 띠 모양의 철광층이 만들어졌다.

○ 용도: 철광

×0.04

그림 120. 스미스소니언 광물관에 전시된 호상철광층

화산쇄설암(火山碎屑岩, Pyroclastic rock)

○ 어원: Pyroclastic rock에서 pyre는 '불'을 뜻하는 그리스어 *pur*에서 유래되었고, clast는 '부스러진'을 뜻하는 *klastos*에서 유래되었으므로 이를 합성해 보면 '불로 부스러진 돌', 즉 화산쇄설암의 뜻을 가진다. 이 암석에 대한 한국어와 조선어는 화산쇄설암, 중국어와 일본어는 火山碎屑岩이다. 모두 화산 활동으로 부스러진 암석을 뜻한다.

○ 종류: 화산쇄설물 알갱이의 크기에 따라 다음 네 가지로 분류한다. 64mm 이상이면 화산탄(火山彈, volcanic bomb), 화산암괴(火山岩塊, volcanic block), 2~64mm이면 화산력(火山礫, Lapilli), 0.06~2mm이면 화산사(火山砂, volcanic sand), 0.06mm 이하이면 화산재(火山재, volcanic ash)라고 한다.

그림 121. 화산쇄설암

3) 변성암(變成岩, Metamorphic Rock)

○ 어원: Metamorphic rock은 원 암석이 변성작용(Metamorphism)을 받아서 만들어진 암석이다. Metamorphism은 '모양의 변화'를 뜻하는 그리스어 *metamorphosis*에서 유래. 이 암석에 대하여 한국어와 조선어는 변성암, 일본어는 變成岩, 중국어는 变质岩이며, '암석의 성질이 변한 암석'을 뜻한다.

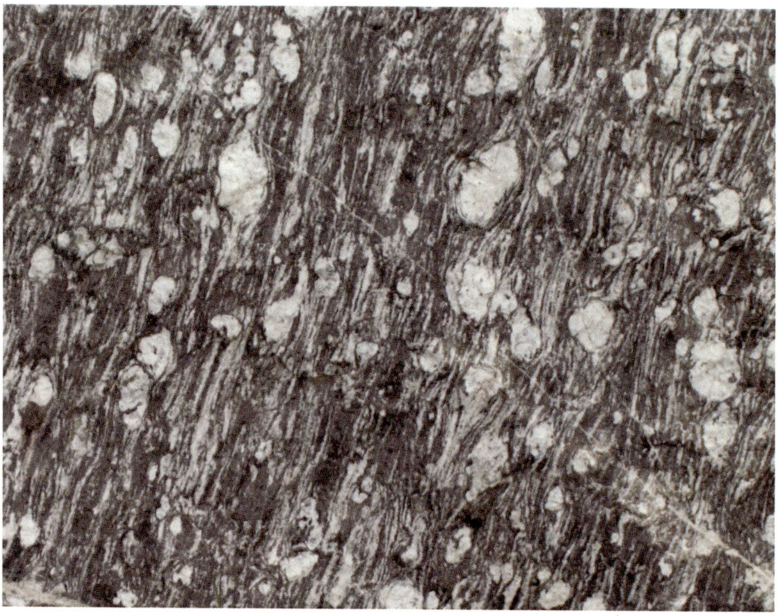

그림 122. 안구상 편마암

각섬암(角閃岩, Amphibolite)

○ 어원: Amphibolite는 '애매모호한'을 뜻하는 그리스어 *amphybolos*에서 유래. 각섬암의 주 구성광물인 각섬석(角閃石, Amphibole)의 종류가 많아서 그러한 뜻을 가지게 되었다. 이 암석에 대하여 한국어와 조선어는 각섬암, 일본어와 중국어는 角閃岩이며, '각섬석으로 이루어진 암석'을 뜻한다.

○ 광물 조성과 특징: 주 구성광물은 각섬석과 사장석이고 소량의 석영으로 이루어져 있다. 보통 청흑색을 띠며, 각섬석 결정과 사장석 결정이 편리 방향으로 배열되어 있다. 각섬암은 현무암과 같이 철과 마그네슘 성분이 우세한 암석이 마그마의 관입과 변성작용을 받았을 때 만들어진다.

○ 용도: 팔찌와 같은 장신구, 토목건축 자재

그림 123. 각섬암

규암(珪岩, Quartzite)

- 어원: Quartzite는 독일의 한 지역 이름인 *quarz*에서 유래. 이 암석에 대하여 한국어와 조선어는 규암, 중국어는 石英岩, 일본어는 珪岩이며, '석영으로 된 암석'을 뜻한다.
- 성인: 석영사암이 변성 작용을 받아 규암이 된다.
- 용도: 건물 벽, 바닥, 지붕용 타일, 도로와 철도 포장용 자갈, 규소 원료

그림 124. 규암

대리암(大理岩, Marble)

○ 어원: Marble은 그리스어 *mármaron*(또는 *mármaros*)에서 유래되었으며, 결정질 암석(또는 빛나는 암석)을 뜻한다. 이 암석에 대한 한국어와 조선어는 대리암 또는 대리석, 일본어는 大理石, 중국에서는 大理岩 또는 大理石이라 한다. 중국 운남성(云南省) 대리(大理)에서 대리석 석재가 많이 나기 때문에 석재 이름으로 대리석(大理石)이라 하고 암석 이름으로 대리암(大理岩)이라 한다.

○ 성인과 광물 조성 및 특징: 석회암이 재결정작용을 받아 대리암으로 변한 변성암이다. 일명 결정질 석회암이라고도 하며, 주 구성광물은 방해석과 백운석(또는 돌로마이트, Dolomite)이다. 방해석의 잘 발달된 쪼개짐 면이 빛을 반사하기 때문에 반짝이는 현상이 잘 나타난다.

○ 용도: 건축 자재, 조각 미술품 원자재

그림 125. 대리암

백립암(白粒岩, Granulite)

- 어원: Granulite는 '작은 알갱이'를 뜻하는 라틴어 *granulum*에서 유래. 이 암석에 대한 한국어와 조선어는 백립암, 일본어는 白粒岩이며, '백색 광물 알갱이가 많은 암석'을 뜻한다. 한편 중국에서는 麻粒岩(마립암)이라 하는데 분명하지는 않지만 마립암은 '편마암과 유사한 알갱이로 구성된 암석'의 뜻을 강조하기 위한 것으로 해석된다.
- 성인과 광물 조성: 현무암질 암석이 약 700°C의 열과 약 10kb의 압력을 받아 심하게 변성된 암석으로 주 구성광물이 사장석과 K-장석이고 약간의 휘석과 석영을 포함한다.
- 용도: 토목건축 자재

그림 126. 백립암

사문암(蛇紋岩, Serpentinite)

- 어원: Serpentinite는 주로 사문석(Serpentine)으로 이루어져 있는데 *Serpentine*은 '뱀과 비슷한'을 뜻하는 라틴어 *serpentinus*에서 유래된 광물 이름이다. 이 암석에 대한 한국어와 조선어는 사문암, 중국어와 일본어는 蛇紋岩이며, '뱀 무늬 암석'을 뜻한다.
- 성인과 특징: 마그네슘이 풍부한 규산염 광물(감람석, 휘석, 각섬석 등)을 동반한 열수동화작용에 의하여 사문석화되는 과정에서 사문암이 만들어지며, 초염기성을 띤다.
- 용도: 건축 석재, 조각 미술품 원자재

그림 127. 사문암

압쇄암(圧砕岩, Mylonite)

○ 어원: Mylonite는 '분쇄소'를 뜻하는 그리스어 *mulon*에서 유래. 이 암석에 대한 한국어와 조선어는 압쇄암, 일본어는 圧砕岩이며, '압력을 받아 부스러진 암석'을 뜻한다. 한편 중국어는 糜稜岩(미릉암)이며, '문드러지고 모가 난 암석'을 뜻한다.

○ 성인과 특징: 단층대를 따라 암석이 서로 심하게 마찰되면서 동력변성작용을 받을 때 만들어지는 변성암이다. 마찰과 압력으로 생긴 미세 각력과 유상 조직(flow structure)을 가지고 있다.

○ 용도: 토목건축 재료

그림 128. 압쇄암

에클로자이트(Eclogite)

○ 어원: Eclogite는 '선발된 또는 뭉쳐진'을 뜻하는 그리스어 *ekloge*에서 유래. 이 암석에 대한 한국어 용어는 영어 발음으로 에클로자이트, 조선어는 류휘암, 중국어는 '석류석과 휘석으로 이루어진 암석'을 뜻하는 榴輝岩(류휘암), 일본어는 영어 발음으로 エクロジャイト (에크로자이토)라고 한다.

○ 성인: 에클로자이트는 수렴형 경계의 섭입대에서 염기성 화성암이 심한 압력을 받아 변성된 암석이며, 변성상 중에서 청색편암상에 속한다. 이 암석이 만들어지는 깊이는 약 45km, 압력은 1.2GPa 이상, 온도는 400~1,000°C이다. 한편 염기성 마그마가 지각의 하부나 맨틀 내에서 결정되어서 만들어지기도 한다.

○ 구성광물: 주로 분홍색 석류석과 연녹색 휘석으로 이루어져 있다. 부수 광물로는 홍주석, 석영, 각섬석, 돌로마이트 등과 아주 드물게 금강석이 있다.

○ 용도: 변성상을 지시하는 암석, 금강석

그림 129. 에클로자이트

점판암(粘板岩, Slate)

- 어원: Slate는 '얇은 판으로 잘 깨지는'을 뜻하는 프랑스어 *escalate*에서 유래. 이 암석에 대한 한국어는 점판암, 일본어는 粘板岩이며, '점토로 된 납작한 판 모양의 암석'을 뜻한다. 한편 조선어는 판암, 중국어는 板岩이며, '납작한 판 모양의 암석'을 뜻한다.
- 성인: 셰일이 지하에서 압력과 열을 받음으로써 압력 방향에 수직으로 판판하게 단단해진 변성암이다.
- 용도: 건물의 지붕, 벽, 바닥에 사용되는 건축 재료

그림 130. 점판암

천매암(千枚岩, Phyllite)

○ 어원: Phyllite는 '잎(Phyll－: 잎의 뜻을 가진 결합사) 모양의 암석'을 뜻한다. 이 암석에 대한 한국어와 조선어는 천매암, 일본어와 중국어는 千枚岩이며, '수없이 많은 얇은 잎이 겹쳐진 모양으로 된 암석'을 뜻한다.

○ 성인과 특징: 셰일의 광역변성과정 중 점판암과 편암 사이에 해당한다. 암석 표면에는 작은 주름과 엽리(葉理, foliation)가 수없이 많이 발달되어 있고 석영, 장석, 백운모, 견운모, 녹니석과 같은 광물 결정이 압력 방향에 수직으로 재결정되어 배열되어 있다.

○ 용도: 토목건축 재료

그림 131. 천매암

편마암(片麻岩, Gneiss)

○ 어원: Gneiss의 어원은 아직 정확하게 밝혀지지 않았지만 '광채가 나는'을 뜻하는 11~14세기의 독일어 *gneist*에서 유래한 것으로 알려져 있다. 이 암석에 대한 한국어와 조선어는 편마암, 일본어와 중국어는 片麻岩이며, '얇게 쪼개진 삼 모양의 암석'을 뜻한다. 마(麻)는 대마의 줄기를 발효시켜 섬유다발로 만든 삼이다.

○ 성인과 조직: 화성암이나 퇴적암이 지하에서 심한 열과 압력을 받아 조암광물들이 압력 방향에 수직으로 재결정된 변성암이다. 원암과 변성 조건에 따라 특징적인 변성 조직이 생긴다. 그 조직의 모양에 따라 안구상 편마암(眼球狀片麻岩, Augen Gneiss), 호상 편마암(縞狀片麻岩, Banded Gneiss), 화강 편마암(花崗片麻岩, Granite Gneiss)으로 구분된다.

○ 용도: 토목건축 재료

그림 132. 흑운모 편마암

편암(片岩, Schist)

○ 어원: Schist는 '쪼개지는'을 뜻하는 그리스어 *schistos*에서 유래. 이 암석에 대한 한국어와 조선어는 편암, 일본어와 중국어는 片岩이며, '얇게 쪼개진 암석'을 뜻한다.

○ 성인: 화성암이나 퇴적암이 지하에서 심한 열과 압력을 받아 조암 광물들이 압력 방향에 수직 방향으로 재배열된 변성암이다. 원암의 종류에 따라 다양한 편암이 만들어진다.

○ 용도: 토목건축 재료

그림 133. 운모 편암(상)과 장석 편암(하)

혼성암(混成岩, Migmatite)

○ 어원: Migmatite는 '뒤섞인'을 뜻하는 그리스어 *migma*에서 유래. 이 암석에 대한 한국어는 혼성암, 일본은 영어 발음으로 ミグマタイト(미구마타이토), 중국어는 混合岩이며, 모두 '뒤섞여서 만들어진 암석'을 뜻한다.
○ 성인: 화성암, 퇴적암, 변성암이 지하 깊은 곳에서 마그마와 인접하여 높은 열과 압력을 받아 심하게 변형되고 변질되는 한편, 부분 용융이 일어난 후 굳은 변성암이다.
○ 특징: 변성작용 동안의 부분 용융에 의하여 편마암이 가지고 있던 편마리가 불규칙한 모양의 티그마습곡 구조로 변형되기도 하고 더욱 심한 재결정 작용을 받기도 한다.
○ 용도: 토목건축 재료

×0.1
그림 134. 혼성암 속의 불규칙한 티그마습곡 (ptygmatic folding)

×0.5
그림 135. 혼성암

호온펠스(Hornfels)

○ 어원: Hornfels는 일명 각암(角岩, Hornstone)이라고도 하며, '매우 치밀하고 단단하면서 강한 암석'을 뜻하는 독일어이다. 스위스의 빙식 지형에는 뾰족한 봉우리인 혼(horn)이 잘 발달되어 있는데 매우 강하고 단단하여 빙하의 침식에도 잘 견디어 내고 있다. 이와 같은 모양과 특성을 가진 변성암에 대하여 붙인 이름이다. 이 암석에 대하여 한국어는 영어 발음으로 호온펠스, 일본어는 ホルンフェルス(호룬푸에루스)이다. 한편 조선어는 각암, 중국어는 角岩이며, '뿔 모양의 암석'을 뜻한다.

○ 성인: 지표 가까운 지하에 있는 셰일이 마그마의 관입을 받아 치밀하고 단단한 암석으로 변질된 암석이다.

○ 용도: 석기시대 돌도끼, 돌칼, 화살촉 등 미술 조각품 원료

그림 136. 호온펠스

〉〉〉 참고문헌

교육인적자원부, 2002, 「지구과학 편수 자료 연구 개발-교육과정 교과용 도서 편찬 용어 정리 및 지침-」, 한국지구과학회, 『교육인적자원부 교육정책 연구』 2002 - 일 - 14, p.189.

김수진, 1996, 『광물과학』, 서울: 도서출판 우성, p.593.

대한자질학회, 1999, 「한국의 지질」, 서울, 시그마프레스, p.802.

양승영, 1998, 『지질학사전』, 교학연구사, 서울, p.1091.

이창진, 이문원, 박수인, 김정률, 2000, 『편광현미경으로 본 암석의 세계』, 파주: 교육과학사, p.185.

정창희, 1986, 「지질학 개론」, 서울, 박영사, p.642.

한국과학기술단체총연합회, 2004, 『남북과학기술용어집(지질학)』, 서울: 천우사. p.809.

한국지구과학회, 2003, 『지구과학용어집』, 서울: 시그마프레스, p.405.

한국지구과학회, 2009, 『지구과학사전』, 지구과학사전편찬위원회, 서울: 북스힐, p.1235.

竹內 均, 片山信夫, 森本良平, 木村敏雄, 1969, 『新版地學辭典(Ⅰ)』, 古今書院, p.483.

片山信夫, 森本良平, 木村敏雄, 竹內 均, 1970, 『新版地學辭典(Ⅱ)』, 古今書院, p.656.

木村敏雄, 竹內 均, 片山信夫, 森本良平, 1973, 『新版地學辭典(Ⅲ)』, 古今書院, p.799.

陳培源, 中華民國 85, 鑛物學名詞(第二版). 國立編譯館, 茂昌圖書有限公司, 台北市, p.804.

陳培源, 張滿郎, 周長青, 韓安平, 2003, 『地質與鑛物學辭典 - 國際中文版』, 普賢王印刷有限公司, 台北市, p.437.

Bates, R. L. and Jackson, J. A., 1987, *Glossary of Geology*(3rd edition), American Geological Institute, Thomson - Shore, Inc., USA, p.788.

Charles W. Chesterman, 1990, *The Audubon Society Field Guide to North*

American Rocks and Minerals, Alfred A. Knopf, Inc., p.850.

Chesterman, C. W., 1979, *The Audubon Society Field Duide to North American Rocks and Minerals*, Alfred A. Knopf, Inc., USA, p.850.

Deer, W. A., Howie, R. A., and Zussman, J., 1962a, *Rock-forming minerals*, Vol.1 ortho-and ring silicates, Longmans, Green and Co Ltd., London, p.333.

____________________, 1962b, *Rock-forming minerals*, Vol.3 sheet silicates, John Wiley and sons Inc., New York, p.270.

____________________, 1962c, *Rock-forming minerals*, Vol.5 non-silicates, Longmans, Green and Co Ltd., London, p.371.

____________________, 1963a, *Rock-forming minerals*, Vol.2 chain silicates, Longmans, Green and Co Ltd., London, p.379.

____________________, 1963b, *Rock-forming minerals*, Vol.4 framework silicates, Longmans, Green and Co Ltd., London, p.435.

Edmund C. Jaeger, 1972, *A source-book of biological names and terms*, 3rd edition. Charles C. Thomas · Publisher, p.323.

Henry Russell, 2001, *Encyclopedia of rocks, minerals, and gemstones*, Brown Partworks Ltd., p.305.

Monkhouse, F. J., and Small, John, 1979, *A Dictionary of Physical Geography*, Edward Arnold Ltd., London, p.320.

Neuendorf, K. K. E., Mehl, J. P., Jr., and Jackson, J. A., 2005, *Glossary of geology*, 5th edition, American Geological Institute, United Book Press, USA, p.779.

Robert L. Bates and Julia A. Jackson, Editors, 1987, *Glossary of geology*, 3rd edition, American Geological Institute, Thomson-Shore, Inc., p.788.

Shibata, H. and Sudo, T., 1983, *Keys to the illustrated manual of minerals and rocks in full colour*. Hokuryukan co., Ltd., Tokyo, p.344.

The American Geological Institute, 1997, *Dictionary of mining, mineral, and related terms*, 2nd edition. American Geological Institute in cooperation with the Society for Mining, Metallurgy, and Exploration,

Inc., USA, p.646.
Tucker, M. E., 2001, *Sedimentary Petrology*, 3rd edition, Blackwell Publishing company, USA, p.262.

http://www.myetymology.com/
http://en.wikipedia.org/wiki
http://en.wikipedia.org/wiki:/Magma
http://webmineral.com/data
http://www.babylon.com/
http://www.galleries.com/minerals
http://www.mindat.org/min－1136.html
http://www.webmineral.com/

부록 1. 광물 용어의 유연성(有緣性)과 국제 대비표

한국어	조선어	영어	중국어	일본어
광물 이름		광물 이름	광물 이름	광물 이름
뜻(어원)		어원(뜻)	뜻(어원)	뜻(어원)
광물		Mineral	矿物	鉱物
중국어 · 일본어와 동일		라틴어 *mineralis* (땅속에서 파낸 것)	쇠붙이가 들어 있는 돌	
각섬석		Hornblende	角閃石	角閃石/普通角閃石
중국어 · 일본어와 동일		독일어 *horn*+ *blenden* (뿔처럼 보이는)	빛을 잘 반사하고 모난 광물	
갈철석		Limonite	褐铁矿	褐鉄鉱
중국어 · 일본어와 동일		그리스어 *leimon* (목초지)	갈색 철광석	
감람석		Olivine	橄欖石	橄欖石
중국어 · 일본어와 동일		올리브 녹색(olive - green)	감람나무 잎의 색을 띤 광물	
강옥	강옥녹니석	Corundum	剛玉	鋼玉
중국어 · 일본어와 동일	강옥의 성질을 가진 녹니석	산스크리트어 *kuruvinda* (루비)	단단하고 강한 옥	
경석고	무수물 (경석고)	Anhydrite	硬石膏	硬石膏
중국어 · 일본어와 동일	물이 없는 물질	그리스어 *anhydros* (물이 없는)	단단하게 굳은 광물	
고령석	고령토	Kaolinite	高嶺石	カオリナイト
중국어와 동일		어원과 뜻이 중국어와 동일	중국 고령(Kao - Ling, 高嶺)산 광물	영어와 동일
공작석		Malachite	孔雀石	孔雀石
중국어와 동일		그리스어 *molochitis* (mallow - green stone)	공작새의 깃털 무늬를 가진 광물	
규선석		Sillimanite	矽線石	珪線石
일본어와 동일		미국 광물학자 실리만의 이름	선 모양으로 배열된 규질 광물	
규회석		Wollastonite	珪灰石	珪灰石
중국어 · 일본어와 동일		영국 광물학자 월라스톤의 이름	규질과 석회질 광물	
금강석		Diamond	鑽石 金剛石	ダイヤモンド
중국어와 동일		그리스어 *adámas* (부스러지지 않는)	뚫는 광물 또는 아주 단단한 광물	영어와 동일

한국어	조선어	영어	중국어	일본어
광물 이름		광물 이름	광물 이름	광물 이름
뜻(어원)		어원(뜻)	뜻(어원)	뜻(어원)
금홍석		Rutile	金紅石	金紅石
중국어 · 일본어와 동일		라틴어 *rutilus*(금빛 홍색)	금홍색 광물	
남정석	람정석	Kyanite	藍晶石	藍晶石
중국어 · 일본어와 동일		그리스어 *kuanos* (진한 청색)	진한 파란색 결정 광물	
녹렴석	록렴석	Epidote	綠簾石	綠簾石
중국어 · 일본어와 동일		그리스어 *epi*+ *didonai* (초과+주다): 녹렴석 결정의 세 축 중 한 축이 아주 길다는 뜻	녹색 발(햇빛을 가리는 기다란 물건)과 같은 광물	
녹니석	록니석	Chlorite	綠泥石	綠泥石
중국어 · 일본어와 동일		그리스어 *chloros* (녹색)	녹색 점토 광물	
녹주석	록주석	Beryl	綠柱石	綠柱石
중국어 · 일본어와 동일		그리스어 *beryllos* (청록색을 띤 귀한 돌)	녹색 기둥 모양을 가진 광물	
능망간석	릉망간광, 탄산망간광	Rhodochrosite	菱锰矿	菱マンガン鉱
일본어와 동일	일본어와 동일, 또는 망간탐 산염 광물	그리스어 *rhodo*－*khros*(장미색)	능면체 망간 광물	능면체 망간 광물
능아연석	릉아연석	Smithsonite	菱锌矿	菱亞鉛鉱
일본어와 동일		영국의 광물학자 스미스손의 이름	능면체 아연 광물	능면체 아연 광물
능철석	릉철광	Siderite	菱铁矿	菱鉄鉱
중국어 · 일본어와 동일		그리스어 *sideros* (철)	능면체 철 광물	
단백석		Opal	蛋白石	オパール
중국어와 동일		라틴어 *opalus*(돌, 맷돌)	새알의 흰자와 같은 광물	영어와 동일
마그네사이트		Magnesite	菱镁矿	菱苦土石
영어와 동일		그리스어 Magnesia (그리스 해안 지역 이름)	능면체의 마그네슘 광물	능면체의 마그네슘 광물
마노	마뇌	Agate	碼瑙	碼瑙
중국어와 동일		그리스어 *Achates*(시실리 아카테스강Achates River 이름)	말의 뇌와 같은 광물	
망가나이트	수망간광	Manganite	水锰矿	水マンガン鉱
영어와 동일	중국어와 동일	원소 Manganese (주로 망간으로 이루어진 광물)	물을 포함한 망간광	물을 포함한 망간광

한국어	조선어	영어	중국어	일본어
광물 이름		광물 이름	광물 이름	광물 이름
뜻		어원(뜻)	뜻(어원)	뜻(어원)
명반석		Alunite	明礬石	明礬石
중국어와 동일		라틴어 *alumen*(백반)	백반	
방연석	방연광	Galena	方铅矿	方鉛鉱
중국어 · 일본어와 동일		라틴어 *galena*(납 광물)	네모난 납 광물	
방해석		Calcite	方解石	方解石
중국어 · 일본어와 동일		그리스어 *Chalx*(석회石灰)	네모로 잘 갈라지는 광물	
백운모		Muscovite	白雲母	白雲母
중국어 · 일본어와 동일		머스코비(*Muscovy*) 유리 (과거 러시아에서 창문 유리로 사용하던 백운모)	흰색 운모	
백운석	고회석	Dolomite	白云石	ドロマイト
중국어와 동일	거친 석회질 광물	프랑스 지질학자 돌로뮤의 이름	흰 구름 같은 광물	영어와 동일
백철석	백철광	Marcasite	白铁矿	白鉄鑛
중국어 · 일본어와 동일		아랍어 *marqashita*(황철석)	백철석이 황철석보다 밝은 색을 띠는 광물	
사문석		Serpentine	蛇紋石	蛇紋石
중국어 · 일본어와 동일		라틴어 *serpentinus* (뱀과 비슷한)	뱀 무늬를 가진 광물	
사장석		Plagioclase	斜長石	斜長石
중국어 · 일본어와 동일		그리스어 *plagios*+*klao* (직교하지 않는 쪼개짐)	쪼개짐 면이 서로 직교하지 않는 장석	
석고		Gypsum	石膏	石膏
중국어 · 일본어와 동일		그리스어 *gypsos* (백악白堊)	고약처럼 붙이는 광물 또는 회반죽을 만드는 광물	
석류석		Garnet	石榴石	石榴石
중국어 · 일본어와 동일		중세 영어 *gernet* (진한 적색) 라틴어 *granatus* (알갱이)	석류나무 열매 속 알갱이와 같은 광물	
석영		Quartz	石英	石英
중국어 · 일본어와 동일		독일어 Quarz (지역 이름)	돌 꽃부리	
십자석		Staurolite	十字石	十字石
중국어 · 일본어와 동일		그리스어 *stauros* (교차하다)	십자 모양의 광물	
아라고나이트	산석	Aragonite	霰石	アラレ石 霰石
영어와 동일	중국어와 동일	스페인의 Aragon 지역. 아라고나이트의 생산지	잘게 나누어진 광물	일본어+석 중국어와 동일

한국어	조선어	영어	중국어	일본어
광물 이름		광물 이름	광물 이름	광물 이름
뜻		어원(뜻)	뜻(어원)	뜻(어원)
암염	암염, 돌소금	Halite	石鹽	岩鹽
일본어와 동일	일본어와 동일, 돌소금	그리스어 *hals* (소금)	돌소금	돌소금
양기석		Actinolite	阳起石	緑閃石
중국어와 동일		그리스어 *aktinos* (광선)	남성의 정력을 증가시키는 광물	빛을 잘 반사하는 녹색 광물
옥수		Chalcedony	玉髓	玉髓
중국어 · 일본어와 동일		현재 터키에 위치하는 고대 항구도시 Chalcedon: 옥수가 생산되는 항구 도시	동물 뼈 속의 단면과 같은 무늬를 가진 옥	
인회석	린회석	Apatite	燐灰石	燐灰石
중국어 · 일본어와 동일		그리스어 *apate* (속이다)	인과 석회로 된 광물	
자류철석	자황철광	Pyrrhotite	磁黄铁矿	磁硫鉄鉱
일본어와 동일	중국어와 동일	그리스어 *pyrrhos* (붉은 불꽃색)	자성과 황화철 성분을 가진 광물	자성과 황화철 성분을 가진 광물
자철석	자철광	Magnetite	磁铁矿	磁鉄鉱
중국어 · 일본어와 동일		자석(magnet)	자성을 가진 철 광물	중국어와 동일
적철석	적철광	Hematite	赤铁矿	赤鉄鉱
중국어 · 일본어와 동일		그리스어 *haema*(피)	붉은 철 광물	
전기석		Tourmaline	電氣石	電氣石
중국어 · 일본어와 동일		싱헐러어(Sinhalese word) *toramalli* (서로 뒤섞인 색을 가진 광물)	전기적 특성(압전성, 壓電性)을 가진 광물	
정장석		Orthoclase	正長石	正長石
중국어 · 일본어와 동일		그리스어 *orthoklan* (똑바른 쪼개짐)	쪼개짐 면의 두 방향이 서로 직교한 광물	
종유석		Stalactite	钟乳石	鍾乳石
중국어 · 일본어와 동일		그리스어 *stalasso* (물방울이 한 방울씩 '똑똑 떨어지는')	젖이 모여서 만들어진 광물	
저어콘	지르콘석	Zircon	鋯石	ジルコン
영어와 동일		아랍어 *zarqun* 또는 페르시아어 *zargun*	지르코늄으로 된 광물	영어와 동일
진사		Cinnabar	硃砂	辰砂
일본어와 동일		아랍어 *Zinjafr*(용의 피)	붉은 모래	중국 辰州에서 나오는 붉은 모래

한국어	조선어	영어	중국어	일본어
광물 이름		광물 이름	광물 이름	광물 이름
뜻		어원(뜻)	뜻(어원)	뜻(어원)
터키석	린동반석	Turquoise	土耳其石 绿松石	トルコ石
영어+석	인(燐)과 동(銅)을 포함하고 있는 광물	중세 프랑스어 *Turqueise*(터키석)	터키석 소나무 잎과 같은 녹색을 띠는 광물	영어+석
티탄철석 티탄자철석	티탄자철광	Ilmenite	钛铁矿	イルメナイト
티탄과 철로 된 광물 티탄과 자성을 가진 철로 된 광물		러시아 일맨산맥 (Ilmen Mountains)의 일맨호(Lake Ilmen)	티탄과 철로 된 광물	영어와 동일
형석		Fluorite	萤石	螢石
중국어 · 일본어와 동일		라틴어 *fluo*(흐르는)	형석에 열을 가하면 가열된 미세한 알갱이가 청색 빛을 내며 튕겨 나가는데 그 모양이 마치 반딧불과 같아서 붙인 광물 이름	
홍주석		Andalusite	红柱石	紅柱石
중국어 · 일본어와 동일		스페인의 한 지역 안달루치아(Andalucia)	홍색 기둥 모양의 광물	
활석		Talc	滑石	滑石
중국어 · 일본어와 동일		아랍어 *talq*(운모)	매끄러운 광물	
황동석	황동광	Chalcopyrite	黄铜矿	黃銅鉱
중국어 · 일본어와 동일		그리스어 *khalkos*(구리)	노란 구리 색을 띤 광물	
황옥		Topaz	黄玉	トパーズ
중국어와 동일		그리스어 *topazos*	노란색 보석	영어와 동일
황철석	황철광	Pyrite	黄铁矿	黃鉄鉱
중국어 · 일본어와 동일		그리스어 *pur*(불)	황색 철로 된 광물	
회중석		Scheelite	白钨矿	灰重石
일본어와 동일		스웨덴 과학자인 쉬레(Carl Wilhelm Scheele)의 이름	백색 텅스텐 광물	석회질의 무거운 광물
휘석		Augite Pyroxene	辉石	輝石
중국어 · 일본어와 동일		Augite: 그리스어 *auge* (광선) Pyroxene: 그리스어 *pyr* (불)와 그리스어 *xenos* (異物質)의 합성어	빛을 내는 광물	
휘수연석		Molybdenite	辉钼矿	輝水鉛鉱
일본어와 동일		그리스어 *molubdos*(납)	빛나는 몰리브덴 광물	빛나고 파란 물색을 띠는 아연 광물

<table>
<tr><th>한국어</th><th>조선어</th><th>영어</th><th>중국어</th><th>일본어</th></tr>
<tr><th colspan="2">광물 이름</th><th>광물 이름</th><th>광물 이름</th><th>광물 이름</th></tr>
<tr><th colspan="2">뜻</th><th>어원(뜻)</th><th>뜻(어원)</th><th>뜻(어원)</th></tr>
<tr><td colspan="2">흑연</td><td>Graphite</td><td>石墨</td><td>石墨
黑鉛</td></tr>
<tr><td colspan="2">일본어와 동일</td><td>그리스어 graphein(글자를 쓰다)</td><td>돌로 된 먹</td><td>돌로 된 먹
검은색 납</td></tr>
<tr><td>흑요석</td><td>흑요암</td><td>Obsidian</td><td>黑曜石</td><td>黑曜石</td></tr>
<tr><td>중국어와 동일</td><td>검게 빛나는 암석</td><td>로마어 Obsidianus
(유리질 화산암)</td><td colspan="2">검게 빛나는 광물</td></tr>
<tr><td colspan="2">흑운모</td><td>Biotite</td><td>黑雲母</td><td>黑雲母</td></tr>
<tr><td colspan="2">중국어 · 일본어와 동일</td><td>프랑스 과학자
비오트(Jean-Baptiste Biot)의
이름</td><td colspan="2">검은색 운모</td></tr>
</table>

부록 2. 암석 용어의 유연성(有緣性)과 국제 대비표

한국어	조선어	영어	중국어	일본어
암석 이름		암석 이름	암석 이름	암석 이름
뜻(어원)		어원(뜻)	뜻(어원)	뜻(어원)
암석		Rock	岩石	岩石
중국어 · 일본어와 동일		라틴어 *rucca*(돌)	부피가 아주 큰 돌이나 바위	
화성암		Igneous rock	岩漿岩	火成岩
일본어와 동일		라틴어 *ignis*(불)	마그마로 된 암석	불로 만들어진 암석
감람암		Peridotite	橄欖岩	橄欖岩
중국어 · 일본어와 동일		아라비아어 *faridat*(보석)	감람나무의 잎 색을 가진 암석	
거정화강암	거정암	Pegmatite	偉晶岩	巨晶花崗岩
일본어와 동일	큰 결정으로 된 암석	그리스어 *pegma* (서로 결합되어 있는 것)	큰 결정으로 된 암석	큰 결정으로 된 암석
규장암		Felsite	霏细岩	珪長岩
일본어와 동일		영어(장석으로 된 암석)	미세한 눈이 내린 모습을 가진 암석	장석과 석영으로 된 암석
마그마	암장	Magma	岩漿	マグマ
영어와 동일	중국어와 동일	그리스어 *magma*(반죽)	죽이나 미음 같은 돌	영어와 동일
몬조나이트	이장암	Monzonite	二長岩	モンゾニ岩
영어와 동일	중국어와 동일	이탈리아어 몬조니(Monzoni: 알프스 산맥의 한 지역)	두 가지 장석, 즉 알칼리 장석과 사장석으로 된 암석	영어 발음+암 영어와 동일
반려암	휘장암	Gabbro	辉长岩	斑糲岩
일본어와 동일	중국어와 동일	라틴어 *glaber*(매끄러운)	빛나는 장석으로 된 암석	얼룩진 무늬를 가진 암석
반화강암	세정암	Aplite	細晶岩	半花崗岩
일본어와 동일	중국어와 동일	영어(단순한)	작은 결정으로 된 암석	화강암에 가까운 암석
부석		Pumice	浮岩	軽石
중국어와 동일		라틴어 *spuma*(거품)	물에 뜨는 돌	가벼운 돌
사장암	사장암	Anorthosite	斜長岩	斜長岩
중국어 · 일본어와 동일		그리스어 *anorthose* (바르지 않은, 직각이 아닌)	사장석으로 이루어진 암석	
석영안산암	석영안산암 영안암	Dacite	英安岩	デイサイト
석영이 많은 안산암	중국어와 동일	그리스어 *Dacia* (로마제국의 한 지역 이름)	석영이 많은 안산암	영어와 동일

한국어	조선어	영어	중국어	일본어
암석 이름		암석 이름	암석 이름	암석 이름
뜻(어원)		어원(뜻)	뜻(어원)	뜻(어원)
섬록암		Diorite	閃長岩	閃綠岩
일본어와 동일		그리스어 *diorizein* (구별하다)	번쩍이는 길쭉한 결정을 가진 암석	번쩍이는 녹색 암석
섬장암		Syenite	正長岩	閃長岩
일본어와 동일		고대 그리스어 시에네(*Syene*: 현재 아스완Aswan)	정장석이 많은 암석	번쩍이는 장석으로 된 암석
스코리아	화산암재, 스코리아	Scoria	火山渣	スコリア, 岩滓
영어와 동일	화산암 찌꺼기	그리스어 *skōria*(녹)	화산 찌꺼기	영어와 동일, 암석 찌꺼기
안산암		Andesite	安山岩	安山岩
영어와 동일		영어 Andes (남미 안데스산맥)	영어와 동일	영어와 동일
용암		Lava	熔岩	溶岩
중국어와 동일		라틴어 *labes* (떨어지는 또는 사태 또는 재앙)	용융된 암석	질펀하게 흐르는 암석
유문암	류문암	Rhyolite	流紋岩	流紋岩
중국어 · 일본어와 동일		그리스어 *rhyax* (용암의 흐름)	용암이 흐르는 무늬를 가진 암석	
조립현무암	조립현무암 조현암	Dolerite	粗粒玄武岩	粗粒玄武岩
중국어 · 일본어와 동일		그리스어 *doleros* (사람을 속이는, 거짓의)	굵은 광물 알갱이로 된 현무암	
조면암		Trachyte	粗面岩	粗面岩
중국어 · 일본어와 동일		그리스어 *trakhus*(거친)	거친 표면을 가진 암석	
킴벌라이트	각력운모 감람암	Kimberlite	慶伯利岩	雲母橄欖岩
영어와 동일	각력질 운모감람암	영어(남아프리카의 킴벌리 Kimberley 지역의 암석)	영어와 동일	운모가 많은 감람암
포획암	포로암	Xenolith	捕虜岩	捕獲岩
일본어와 동일	중국어와 동일	그리스어 *Xenos*(낯선, 손님)+그리스어 *lith*(암석)	잡은 암석	잡은 암석
현무암		Basalt	玄武岩	玄武岩
중국어 · 일본어와 동일		그리스어 *basanitēs* (매우 단단한 돌)	검고 무기처럼 강한 암석 또는 '검은 거북등 같은 암석'	(일본 효고현의 玄武 동굴)
화강암		Granite	花崗岩	花崗岩
중국어 · 일본어와 동일		라틴어 *granum*(알갱이)	꽃무늬를 가진 강한 암석	

한국어	조선어	영어	중국어	일본어
암석 이름		암석 이름	암석 이름	암석 이름
뜻(어원)		어원(뜻)	뜻(어원)	뜻(어원)
퇴적암		Sedimentary Rock	堆積岩	堆積岩
중국어 · 일본어와 동일		Sediment: 라틴어 *sedere* (바닥에 내려앉은)	많이 겹쳐 쌓인 암석	
각력암		Breccia	角礫岩	角礫岩
중국어 · 일본어와 동일		이탈리아어 Breccia (잡석, 부서진 돌)	각이 진 자갈로 이루어진 돌	
백악	백악	Chalk	白堊	白堊
중국어 · 일본어와 동일		라틴어 *Calx*(석회)	새하얀 흙	
규조토		Diatomite	矽藻土	珪藻土
일본어와 동일		영어 (규조류Diatom로 된 흙)	규조류로 된 흙	
빙퇴석		Moraine	冰磧	氷堆石
일본어와 동일		프랑스어 (빙하 퇴적물 더미)	얼음에 의하여 (모래와 자갈이) 쌓여 이루어진 얕은 벌판	빙하 퇴적물 더미
어란석		Oolite	魚卵石	魚卵石
중국어 · 일본어와 동일		그리스어 *oon*(알)	물고기 알 무늬 암석	
사암		Sandstone	砂岩	砂岩
중국어 · 일본어와 동일		영어(모래로 된 암석)	모래로 된 암석	
석탄		Coal	煤	石炭
일본어와 동일		라틴어 *calor*(열)	돌 숯	돌 숯
석회암		Limestone	石灰岩	石灰岩
중국어 · 일본어와 동일		영어(석회질로 된 암석)	석회질로 된 암석	
셰일(Shale)	혈암	Shale	頁岩	頁岩
영어와 동일	중국어 · 일본어와 동일	독일어 *Schale* (조개껍데기)	책의 면(쪽)과 같이 여러 면이 겹쳐 있는 암석	
실트암	분사암	Siltstone	粉砂岩	シルト岩
영어와 동일	중국어와 동일	영어(silt, 중간 직경 1/16~1/256mm로 된 퇴적암)	미세한 모래로 된 암석	영어와 동일
역암	력암	Conglomerate	礫岩	礫岩
중국어 · 일본어와 동일		라틴어 *conglomeratus* (서로 구르고, 쌓고, 눌린)	자갈로 이루어진 암석	
응회암		Tuff	凝灰岩	凝灰岩
중국어 · 일본어와 동일		라틴어 *tofus* (구멍이 많은 암석: 화산 분출물로 된 암석)	재(화산재)가 굳어서 된 암석	

한국어	조선어	영어	중국어	일본어
암석 이름		암석 이름	암석 이름	암석 이름
뜻(어원)		어원(뜻)	뜻(어원)	뜻(어원)
이암	니암	Mudstone	泥岩	泥岩
중국어 · 일본어와 동일		초기 게르만어 mud-(진흙)	진흙으로 된 암석	
잡사암		Greywacke or Wacke	雜砂岩	硬砂岩
중국어와 동일		독일어 *Grauwacke* (회색 암석)	여러 종류의 모래로 된 암석	단단한 사암
저탁암	혼탁암	Turbidite	浊流岩	タービダイト
밑바닥을 흐르던 흙탕물이 퇴적된 암석	흙탕물이 퇴적된 암석	라틴어 *turbare* (휘저어 놓다)	흙탕물이 퇴적된 암석	영어와 동일
점토암		Claystone	粘土岩	粘土岩
중국어 · 일본어와 동일		라틴어 *glus*(끈적끈적한)	끈적이는 흙으로 된 암석	
증발암		Evaporite	蒸発岩	蒸発岩
중국어 · 일본어와 동일		영어(증발되고 남은 침전물이 굳은 암석)	증발되고 남은 침전물이 굳은 암석	
처트	규질암	Chert	燧石	燧石
영어와 동일	SiO_2로 이루어진 암석	영어(단단한 규질 광물 또는 암석)	부싯돌	
집괴암		Agglomerate	集塊岩	集塊岩
중국어 · 일본어와 동일		라틴어 *agglomerare* (덩어리로 된)	큰 돌 덩어리가 뭉친 암석	
패각암 패각석회암	조가비석회암	Coquina	貝壳岩	貝殻岩
중국어 · 일본어와 동일	조가비로 된 석회암	라틴어 *coquus*(요리하는)	조개류의 껍질로 된 암석	
호박		Amber	琥珀	琥珀
중국어 · 일본어와 동일		아랍어 *ambergris*(기름의)	호박	
호상철광층	호상철광상 줄무늬철광상	Banded Iron Formation	帯紋鉄鉱床	縞状鉄鉱床
일본어와 동일		영어(띠 모양의 철광층)	띠 모양의 철광층	띠 모양의 철광층
화산쇄설암		Pyroclastic rock	火山碎屑岩	火山砕屑岩
중국어 · 일본어와 동일		그리스어 *pur*(불)+ *klastos*(부스러진)	화산 활동으로 부스러진 암석	
변성암		Metamorphic rock	变质岩	變成岩
일본어와 동일		그리스어 *metamorphosis* (모양의 변화)	암석의 성질이 변한 암석	암석의 성질이 변한 암석

한국어	조선어	영어	중국어	일본어
암석 이름		암석 이름	암석 이름	암석 이름
뜻(어원)		어원(뜻)	뜻(어원)	뜻(어원)
각섬암		Amphibolite	角閃岩	角閃岩
중국어 · 일본어와 동일		그리스어 *amphybolos* (애매모호한)	각섬석으로 이루어진 암석	
규암		Quartzite	石英岩	珪岩
일본어와 동일		독일어 *quarz* (독일의 한 지역 이름)	석영으로 된 암석	석영으로 된 암석
대리암		Marble	大理岩	大理岩
중국어와 동일		그리스어 *mármaron* 또는 *mármaros*(결정질 암석 또는 빛나는 암석)	중국 云南省 大理	중국어와 동일
백립암		Granulite	麻粒岩	白粒岩
일본어와 동일		라틴어 *granulum* (작은 알갱이)	편마암과 유사한 알갱이로 구성된 암석	백색 광물 알갱이가 많은 암석
사문암		Serpentinite	蛇紋岩	蛇紋岩
중국어 · 일본어와 동일		라틴어 *serpentinus* (뱀과 비슷한)	뱀 무늬 암석	
압쇄암		Mylonite	糜稜岩	圧砕岩
일본어와 동일		그리스어 *mulon*(분쇄소)	문드러지고 모가 난 암석	압력을 받아 부스러진 암석
에클로자이트	류휘암	Eclogite	榴輝岩	エクロジャイト
영어와 동일	중국어와 동일	그리스어 *ekloge* (선발된 또는 뭉쳐진)	석류석과 휘석으로 이루어진 암석	영어와 동일
점판암	판암	Slate	板岩	粘板岩
일본어와 동일	중국어와 동일	프랑스어 *escalate* (얇은 판으로 잘 깨지는)	납작한 판 모양의 암석	점토로 된 납작한 판 모양의 암석
천매암		Phyllite	千枚岩	千枚岩
중국 · 일본어와 동일		영어(잎*Phyll*– 모양의 암석)	수없이 많은 얇은 잎이 겹쳐진 모양으로 된 암석	
편마암		Gneiss	片麻岩	片麻岩
중국어 · 일본어와 동일		11~14세기의 독일어 *gneist*(광채가 나는)	얇게 쪼개진 삼(麻) 모양의 암석	
편암		Schist	片岩	片岩
중국어 · 일본어와 동일		그리스어 *schistos* (쪼개지는)	얇게 쪼개진 암석	
혼성암		Migmatite	混合岩	ミグマタイト
뒤섞여서 만들어진 암석		그리스어 *migma*(뒤섞인)	뒤섞여서 만들어진 암석	영어와 동일
호온펠스	각암	Hornfels	角岩	ホルンフェルス
영어와 동일	중국어와 동일	독일어(매우 치밀하고 단단하면서 강한 암석)	뿔 모양의 암석	영어와 동일

〉〉〉 영어 찾아보기

이창진

서울대학교 사범대학 지구과학교육과 이학사
서울대학교대학원 교육학 석사, 이학 박사
전) 미국 스미스소니언자연사박물관 연구원
중국 남경지질고생물연구소 방문 교수
한국지구과학회 회장
한국지구과학올림피아드 위원장
현) 충북대학교 명예교수
중국 절강수인대학교 외국어대학 외교(外教)
국무총리상(제148810호), 한국지구과학회 학술상

『세계자연사박물관』
『조암광물 박편 아틀라스』(공저)
『지구과학개론』(공저)
『지구환경과학 I, II』(공저)
『현미경으로 본 암석의 세계』(공저)
『교과부 검인정 중학교 과학』(공저)
『고등학교 과학』(공저)
『고등학교 지구과학 Ⅰ, Ⅱ』(공저)
『한국의 지질』(공저)
『지구과학 학술용어집』(공저)
『지구과학사전』(공저)
「영월탄전 석탄-페름계에 대한 생층서학적 연구」
『지질도학』(공저)
『고생물학개론』(공저)
『지사학』(공저)
외 다수

광물 62종과 암석 62종에 대한
한국어, 조선어, 영어, 중국어, 일본어 용어 비교

기본 광물·암석 용어집

초판인쇄 | 2010년 11월 15일
초판발행 | 2010년 11월 15일

지 은 이 | 이창진
펴 낸 이 | 채종준
펴 낸 곳 | 한국학술정보(주)
주 소 | 경기도 파주시 교하읍 문발리 파주출판문화정보산업단지 513-5
전 화 | 031) 908-3181(대표)
팩 스 | 031) 908-3189
홈페이지 | http://ebook.kstudy.com
E-mail | 출판사업부 publish@kstudy.com
등 록 | 제일산-115호(2000. 6. 19)

ISBN 978-89-268-1642-4 93460 (Paper Book)
978-89-268-1643-1 98460 (e-Book)